惯性自卑

劣等感がなくなる方法

[日]加藤谛三 著

林燕燕 译

如何修正自我伤害的
心灵习惯

广西科学技术出版社

著作权合同登记号　桂图登字：20-2021-263号

图书在版编目（CIP）数据

惯性自卑：如何修正自我伤害的心灵习惯/（日）加藤谛三著；林燕燕译
. — 南宁：广西科学技术出版社，2022.8
　　ISBN 978-7-5551-1789-6

Ⅰ.①惯… Ⅱ.①加… ②林… Ⅲ.①个性心理学—通俗读物 Ⅳ.①B848-49

中国版本图书馆CIP数据核字（2022）第118138号

GUANXING ZIBEI: RUHE XIUZHENG ZIWO SHANGHAI DE
XINLING XIGUAN

惯性自卑：如何修正自我伤害的心灵习惯

[日]加藤谛三　著　　林燕燕　译

策划编辑：冯　兰		责任编辑：冯　兰	
助理编辑：王永杰		责任审读：梁　志	
装帧设计：古涧千寻		责任校对：张思雯	
版权编辑：尹维娜		责任印制：高定军	
封面插图：阿翁拾圆Awon			

出 版 人：卢培钊　　　　　　　　　　出版发行：广西科学技术出版社
社　　址：广西南宁市东葛路66号　　邮政编码：530023
电　　话：010-58263266-804（北京）　0771-5845660（南宁）
传　　真：0771-5878485（南宁）
网　　址：http://www.ygxm.cn　　　　　在线阅读：http://www.ygxm.cn

经　　销：全国各地新华书店
印　　刷：北京中科印刷有限公司　　　邮政编码：101118
地　　址：北京市通州区宋庄工业区1号楼101号
开　　本：880mm×1240mm　1/32
字　　数：123千字　　　　　　　　　　印　　张：7
版　　次：2022年8月第1版　　　　　　印　　次：2022年8月第1次印刷
书　　号：ISBN 978-7-5551-1789-6
定　　价：48.00元

亲爱的读者，

希望你在读完这本书后，

可以这样和自己说：

哪怕我不是最好的，

也不妨碍我爱自己！

出于自卑感而做出努力的过程，也是加深自卑感的过程。

在克服自卑感的道路上，如果根本心态都是错的，那么越是想要消除自卑感，自卑感反而越严重。

在自卑感之上再添自卑感，时间久了，自卑感会变成一种固定的情结——自卑情结。

为了摆脱自卑感，有些人会对自己说："我非常了不起。"这种做法只能在心理上起到一时的作用，并非问题的解决之策。

这是卡伦·霍妮（Karen Horney）所说的神经症患者的处理方法，但却并非解决问题的真正方法。

自卑感催生出"想要变得优越"的愿望。

当人想要通过优越感来解决内心的矛盾冲突时，就势必会比一般人产生更多生活上的障碍。例如，与一般人相比，这类神经症患者身边会出现更多妨碍他们获取优越感的人，而且他们无论如何都不能原谅妨碍自己满足神经症需求的人。

能否将努力的方向从在他人面前获取优越感转变为与他人真诚地交流，决定自卑的人能否幸福。

能否与他人建立起共同体情感，决定神经症患者生活的艰难程度。

有严重自卑感的人将消除自卑感放在首位。所谓自卑感，在某种意义上说类似于依赖症。

有酒精依赖症的人无法控制自己不喝酒。他们在喝酒时能感到瞬间的愉悦，但这不但没有解决真正的问题，反而使问题愈发严重。

同理，有严重自卑感的人也无法控制自己不去追求优越感。

他们若在竞争中获胜就会感到安心，只有在那时才觉得轻松，但是内心的矛盾是在不断加剧的。不论竞争的结果是赢是输，自卑感都会愈发严重。

正如有酒精依赖症的人戒不了酒一样，有严重自卑感的人也无法停止追求优越感。

然而，追求优越感使他们实现与他人之间真诚交流变得难上加难。

如果不能在与他人的对比中获得优越感，他们就会陷入不安，从而试图强调自我的独特性，使自己与众不同，给他人留下优秀的印象。

有严重自卑感的人越是感到不安，好胜心就越强。如果不能获得优越感，他们就会做出不同寻常的举动去吸引别人的目光。

他们以自己"与众不同"为由，逃避社会的普遍评价标准，摆出一副艺术家的姿态，将自己的异常行为说成是"我只是不喜欢平凡的生活方式罢了"。

自卑感严重的人把自己这种异常的行为解释为个性。

比如，夏天穿皮草大衣，佯装自己是时尚先锋。这类人由于过剩的自卑感而做出不同寻常的举动，并坚持称之为个性。

无论如何，追求优越感虽然具有"迫切的必要性"，但是无法使他们变得优秀。于是，他们便执着于"有个性的自我"，从现实的世界逃离到想象的世界中去。

由此，神经症患者的竞争意识变得越来越强烈，与他人之间真诚的交流也变得越来越少。

"人越是想要给他人留下深刻的印象，好胜心越强，就越会不安。"①

与他人进行真诚的交流能够消除自卑感，但是神经症患者却想要通过优越于他人，从而消除自卑感。

正因为如此，自卑感强烈的人尽管很努力地想要摆脱自卑感，但自卑感却越来越严重。就如同有酒精依赖症的人不断饮酒，导致酒精依赖症愈发严重。

不管是因为达到了优越还是因为无法达到优越而强调个性，都将加深自卑感。

也有一些人因为无法突出个性，而固执己见地说"反正都一样"。本书的写作目的就是解释这些心理现象。

有酒精依赖症的人虽然嘴上否认自己的酒精依赖症，但是对此心知肚明。

---

① 出自《心理学与心理治疗：理论、研究与实践》（*Psychology and Psychotherapy: Theory, Research and Practice*），英国心理学会（The British Psychological Society）著。

由于严重的自卑感而让自己的人生难以为继的人，首先要审视自己过去所经历的不幸。一旦发觉对自己感到失望，视野无法拓展，便已经站在无法获得幸福的起点上。

注意从出生起接收到的各种被否定的信息，并从其入手来摆脱自卑感。

加藤谛三

目录

第一章

Chapter 01

———

自卑者的

心理状态

强迫性地与他人做比较

有严重自卑感的人，其特征首先是喜欢和他人做比较，即强迫性地拿自己与他人做比较，还常常会因过度在意自己的缺点而感到忧伤。

这种强迫性的比较，源自从自卑感转变为想要优越于他人的心理状态。因为潜意识中存在想要变得优越的想法，所以所有人都变成比较的对象。

真正幸福的人不与他人做比较，也不会羡慕他人。换言之，严重自卑的人的一大特征就是不幸福。

将自己和他人强迫性地进行比较，源自

想要优越于他人的自卑感，以及因为对他人的优势无法容忍而产生的憎恶感。

强迫性地做比较的原因在于孤独和敌意，以及内心中存在没有被察觉到的憎恶他人的情感。劝说这类人"不要跟他人进行比较"，是毫无作用的。

与他人做比较是无法获得幸福的，但是自卑感严重的人却做不到不去比较。

他们内心的真实写照是：

那个人买了房子，而我这么勤奋努力却买不起房子。

那个人飞黄腾达了，而我却没有。

那个人有很多存款，而我那么勤奋工作却没有存款。

有严重自卑感的人，他们的幸福是由周围人决定的。随着周围人的改变，比较的对象也会改变。因此，他们无时无刻不活在与他人的比较中。

他们与遇到的所有人进行比较，反复做着无用功。

幼儿时期形成的心理根基

人的成长经历与人际关系有着深厚的渊源。我们自出生起，就从未脱离过人际关系。

有严重自卑感的人，他们的人生经历从一开始就与自卑感紧密联系在一起。他们在成长过程中一直在跟他人进行不恰当的比较，埋怨自己"我为什么不能成为某某那样的人"。

在比较中成长起来的人，成长过程中常常被他人支配，即在支配和被支配的关系中成长起来。

这种成长经历让他们无法确立起自我意识，在心理上养成了与他人进行比较的习惯。

他们经常被拿来与他人做比较，如果在某些方面不如他人就会受到指责。

在这种环境中形成的心理根基是有问题的。如同失败和耻辱感相联系一样，比较和被指责也是相关联的。

自卑感严重的人，他们的成长经历告诉他们"被比较了才能被认可，只有在比较中才有自我"。

对于他们而言，做某件事并不是因为"我想去干这件事"，而是因为"我想要获得优越感"。其结果就是丧失了自己的情感和愿望，自己不再是决定事物的关键因素。

从小就遭受无视、轻视从而心理受到伤害的人，他们的想法是"我要让你们刮目相看"。他们也不管自己的实际能力究竟多大，很多时候的很多想法甚至超越了现实范畴。

怀揣着报复情绪的人，他们感受不到除了事业成功之外的任何意义，只想通过事业成功变得优越于他人。

在这个过程中，他们会与他人进行比较，并且不可避免地加深嫉妒心——想要通过把他人往下拉，从而维持自己的价值。

"如果说自卑情结毋庸置疑的标志是具有某种单一的性格特征，那非嫉妒莫属。"[1] 这种心理必然容易受到伤害。

无法支配自己的内心

优越感具有将人引向地狱的魔力。[2]

"你越是将自己与他人的看法相关联，他人的看法就会对你越重要。"[3] 同时，你还会感到压迫。想要通过事业的

---

① 出自《如何才会幸福》（*How to Be Happy Though Human*），贝兰·沃尔夫（Beran Wolfe）著。

② 出自期刊《社会服务评论》（*Social Service Review*）。

③ 出自《自我创造的原则》（*Self Creation*），乔治·温伯格（George Weinberg）著。

成功来弥补其他缺憾的人，会有走投无路的感觉。

"你越是不寻求他人的赞赏，就越是会无拘无束，变得更加自信。"[①]但如果在情感上觉得饥饿的话，就无论如何都想要得到他人的认可。

能够接纳"真实自我"的人，即使感到不安也会努力去实现自我。他们在维克多·埃米尔·弗兰克尔（Viktor Emil Frankl）所说的"绝望与满足"的轴心上努力。

对于努力实现自我的人而言，重要的往往是过程而非结果。因此，他们容易自我满足。但是认为需要通过成功来使自己得到他人认可的人，是围绕着"成功与失败"的轴心行动的。

以"成功与失败"为轴心采取行动的人，本质上是内心不安、不幸福的人。这类人心中只有成功或失败。即便他们以后再成功，都无法摆脱不安和不幸福的心理状态。

被他人认可这件事对他们来说有多重要，他们的依赖心就有多强。他们无法支配自己的内心。

由此，他们在与他人进行真诚的交流之前就对他人有

① 出自《自我创造的原则》，乔治·温伯格著。

所依赖。当对方没有做出他们所期待的回应时，他们就会对对方产生敌意。

自卑感如此严重的人在现实生活中跟任何人都无法真诚交流。

不带有共同体情感的人际关系

强迫性地与他人做比较的人无法体会共同体情感。

事实上，作为共同体的一部分，作为一个固有的存在，不应该去比较，也无须去比较。

因为你就是你，所以我爱你。

因为我就是我，所以我值得被爱。

有共同体情感的人不会拿自己与他人做比较，他们对人际关系感到安心，感觉自己是不可替代的。

即便身边存在许多比自己优秀的人，他们也不会感觉受伤。他们对"自己是被爱的"这一事实坚信不疑。

因为自己是不可取代的存在，所以不会嫉妒他人。而神经症患者没有拥有过具有共同体情感的人际关系，没有与集体中的"某个人"建立真正的连接。

因此，为了得到周围世界的认可，他们超乎想象地执着于不能活出自我的愤怒。

成年之后，种种状况下所体现出的负面情感，其实是蓄积已久的愤怒乔装打扮之后的形态，而他们却对此毫无察觉。

有严重自卑感的人，由于共同体情感的缺失而品尝着孤独的滋味，缺乏人与人之间的真诚交流。他们的孤独感来自对对方而言，自己是可以被随意取代的。

如果人与狗之间有感情，狗主人是不会拿自己的狗与其他的狗做比较的。

既讨厌他人，又害怕被他人讨厌

有严重自卑感的人的第二大特征就是发自内心地讨厌他人。但由于孤独，他们会在潜意识中把"讨厌"的情感压抑下去。

因为想要与他人交往，于是错把讨厌的人当作朋友。

虽然讨厌他人，但是又害怕被他人讨厌，所以他们就会极力展现出自己好的一面，为了取悦讨厌的人而身心俱疲。

尽管对对方毫不关心，却强迫自己为对方费心，因而感到疲惫。当讨厌的客人来了，却要用心招待以博得好感，因而疲惫不堪。

是准备可口的饭菜也好，还是其他什么

也罢，为喜欢的人付出都是愉悦的，而为讨厌的人付出却是痛苦的。

按照自己的意愿与他人和谐相处的人是心理健康的人。他们可以与他人建立良好的人际关系。

与此相反，为了让他人觉得自己是个好人而与他人和谐相处的人，是有自卑感的人。他们不论做什么事情都并非出于自己的意愿，自己内心做出了多大的让步，就会生出多大的憎恶感。

尽管自己很想吃那个苹果，却把它让给了别人。由于不是出于自身意愿，从而产生了憎恶感。

有自卑感的人在潜意识当中觉得"我讨厌你们，但又离不开你们"，因此反而会抓得更紧。

他们有时还会表现出防御型性格中"开朗"的一面，但这是为了隐藏憎恶感而表现出的宽容和开朗。

人们会说"那个人性格开朗，善于社交"，但多数情况下并非如此。**因为严重的自卑感，内心深处充满了敌意，表现出开朗的一面是为了把敌意隐藏起来。**

他们的心理状态是"虽然我讨厌你们，但是必须让你们喜欢我"。

换言之，他们无法自我认同，缺乏自我意识。他们没有共同体情感，从而自我意识不明确。

有严重自卑感的父母，虽然讨厌孩子，但是却不想让孩子知道自己讨厌他们，也不想被孩子讨厌。

他们会炫耀自己对孩子的爱，但实际上与孩子之间的关系很淡薄。

内心深处的愤怒

那么，到底为什么有严重自卑感的人会讨厌他人呢？**因为他们想要得到关爱的欲求没有得到满足，强烈的情感饥饿导致了这种结果，继而会对他人产生过高的要求。**

他们要求别人"你要为我做这些事情，你要这样来看待我，你要这样为我着想，你要这样来对待我"，等等，对他人有过多的愿望和要求。

然而，事实是，周围的世界不会像他们想要的那样对待他们，他人也不会像他们希望的那样看待他们。如果意识不到这一点，就会因为得不到他人的包容而感到不快乐。

无论面对何人，都希望得到对方的关爱。可是这种要求在生活中是无法满足的，因此他们很不快乐，也因此理所当然地讨厌所有人。

有严重自卑感的人，内心深处是充满愤怒和憎恶的。那是被隐藏的愤怒和憎恶。

这类人大多不愿意承认自己内心的愤怒和憎恶。"自卑感往往善于伪装，或者夸张地表现出对他人的讨厌。"[1]

自卑感严重的人如果不放弃极度以自我为中心，就无法幸福生活。因为我们的生活是脱离不了集体的。

他们烦恼的根源在于"无法恰当把握自我"。放弃过剩的自我意识，不意味着放弃自我。如果能正确看待"自我"，即使再面对相同的情况，也不会像现在这样烦恼。

因此，要鼓起勇气正视自卑感，并努力将其消除，一个全新世界将会由此开启。

---

[1] 出自《如何才会幸福》，贝兰·沃尔夫著。

利己主义者的非利己主义

有严重自卑感的人的第三大特征是内心深处比一般人更为利己。

尽管如此，为了得到他人的好评，他们总是摆出一副宽大无私的姿态，由于害怕被讨厌而佯装成极端的非利己主义者。

为了博得他人的好感，他们压抑自己内心真实的利己主义，表现出非利己主义的姿态。

严重自卑的人也许会做出卓越的成绩，但不会做出温暖的举动。他们会为了毫无兴趣的事物而努力，仅仅是为了博得好评。

以致对他们而言，他人变得过度重要，

"如何与他人交往"也变得格外重要。这种重要性甚至超越了自身情感。简言之，他们丧失了自我。

如此看来，他们并不是想要获得幸福，只是希望在别人眼里自己看起来很幸福。即便不幸福，也不希望被别人看出来。

由于长期生活在这种压抑的状态下，他们感到疲惫不堪。

因为失去了对自己真实情感的关注，仅仅关注自己在他人面前的表现，所以他们在日常生活中，要么比一般人更傲慢，要么比一般人更畏首畏尾。

前面也曾提到过，严重自卑的人是利己主义者。因为没有与他人建立起真诚的关系，所以对于他们而言只有得或失。

尽管他们善于计算得失，但并非总能获利。相反，他们时常上当受骗。

这是由于他们只想着从他人身上获利，对对方丝毫不关心。无论对方是冷酷、温暖、诚实还是不诚实，他们都毫不关心。

不论对方表现出怎样冷酷的言行，只要不对自己造成损害，他们就不会关心在意。

在狡猾的人看来，有严重自卑感的人就是容易上钩的冤大头。结果就是，有严重自卑感的人虽说是利己主义者，但却常常上当受骗。

自我轻视

有严重自卑感的人的第四大特征就是觉得身边的人都比自己优秀，错误地认为身边的人都是优秀的人。

有严重自卑感的人被卑鄙狡猾的人欺骗也是由于这个原因。因为他们觉得其他人都比自己优秀，所以卑鄙狡猾的人欺骗他们最容易得手。

在狡猾的人看来，"自卑的人认为我很优秀"。在卑鄙的人看来，"自卑的人不认为我卑鄙"。他们都觉得"既然对方没有把我看穿，那就好办了"。

有自卑感的人，尽管被卑鄙的人打击、

剥削、玩弄，但在见到他们时还总是低三下四。对于无端轻视、诽谤和侮辱自己的卑鄙之人，他们也总是笑嘻嘻地鞠躬行礼。

这是因为在自卑感中痛苦挣扎的人，会过高地评价对方，过低地评价自己。

这是自我轻视者的悲剧，是自我憎恶者的悲剧，也是一旦发生意想不到的事情，就将错误归结于自身的人的悲剧。

对憎恶自己、轻视自己的人而言，即使卑鄙狡猾之人对他们做了不当的行为，他们心里也会觉得是正当的。

他们内心认为，自己被对方轻视、瞧不起也是无可奈何的。对自己过往的人生，就只能自我解释"都是我的错"。

这样的想法始终伴随着他们。从小时候起，他们身边就围绕着善于推卸责任的狡猾之人。

他们认为"都是自己的错"，身边的人也认为"都是他们的错"。他们责备的是自己，身边的人责备的也是他们。

正因如此，认为"都是自己的错"的人，无法反抗轻视、贬低自己的人。他们觉得对方所做的事情是可以接受的。

因自卑感而痛苦、因事情不顺利而自责的人，常常认为"都是我的错"的人，以及自我憎恶、自我轻视的人，都会对他人做出过高的评价。

不知如何保护自己的生命

卡伦·霍妮说，自我轻视的特征之一就是容许他人虐待自己。不容许他人虐待自己是生存的基本要求。但如果自我轻视，这一生存的基本要求就会遭到破坏。

遭受父母情绪虐待的孩子，在成年后同样也会接受来自他人的情绪虐待。原因是他们内心深处对虐待抱着接受的态度，内心深处接受被人愚弄、轻视。

正是由于自我轻视，反而对自我珍视有了违和感。

因为自我轻视，他们认为自己遭受虐待是无可奈何的。他们并不认为自身具有更高的价值。

如此一来，这样的想法就恰好被狡猾之人利用。自卑的人成了冤大头，即使被利用也依然迎合对方。别人认为没有必要做的事情他们也会拼尽全力。

自卑感过于严重的人会患上抑郁症，因此陷入痛苦；更极端的话，甚至会自杀。因遭受情绪虐待而自杀的人就属于这一类。

自我轻视的人会被居心叵测的人利用得很彻底，甚至被榨干最后一点剩余价值。

尽管如此，自我轻视的人依然会迎合那些居心叵测的人。他们对那些人笑脸相迎，尽管被敲骨吸髓，却依然和颜悦色地面对。

自我轻视的人由于孤独，就盲目地想要跟身边的人成为朋友。但是居心叵测的人并不想要与他们成为朋友，只想从他们身上窃取利益。双方的需求之间存在着巨大分歧。

居心叵测的人看到他们笑脸相迎反而越发地小看他们，把他们当成傻瓜，因为觉得有意思而变本加厉地捉弄他们。他们通过嘲笑、虐待自我轻视的人来治愈自己受伤的内心。

自我轻视的人尽管沦为了他人利益的牺牲品，却依然笑脸相迎。他们的孤独已经到了无以复加的地步，失去了"保护自我生命"的这一生存的基本态度，失去了动物的本能。

无论是男性还是女性，在毫无防备之下都容易被狡猾之人利用。自卑者的存在，正符合了这类人的心意。

自我轻视者符合他人心意

家人当中或是朋友之间也会存在病态的团体。这样的团体是以牺牲某个人的利益而得以维持的。那些为了团体而牺牲自我的人往往是自我轻视的人。

出现抑郁症患者的家庭就具有这一特征。患有抑郁症的人通常是家庭当中的无名英雄，但并没有受到尊敬。

他们辛苦支撑着整个家庭却并不表露出来，只是像影子一样存在。

自我轻视的人把团体的分裂归咎于自身，并因此在不知不觉中充当了牺牲品的角色。其原因在于他们自身强烈的情感饥饿。

即使牺牲自己也想跟大家维持良好的关系。然而，即使他们被消耗殆尽，也无人挺身相助。

这是因为狡猾的人在利用他们，并不把他们当作朋友，在利用他们的同时，还把他们当成傻瓜。

在这样的团体里，"正直之人往往招损"。因为这个团体一方面有自我牺牲的人，另一方面有要求他人牺牲的狡猾之人。

自我轻视的人，即使并非自己的责任，也会将责任归结于自身，从而去做其他人分内的事情。自我轻视的人的所作所为，正中了想要利用他人的狡猾之人的下怀。

自我轻视的人混淆了被利用和被认可的区别。除此之外，更严重的问题是，他们没有注意到自己身边那些真诚、温暖、宽宏大量的人。

有严重自卑感的人并不关注那些衷心希望他人幸福的人，而是倾注心血博取不真诚的人的好感，以致被敲骨吸髓。

无论是有严重自卑感的人，还是有优越情结的人，都无法与他人进行真诚的交流。如果他们能够与他人坦诚相见，人生将会发生戏剧性的转变。

对于有严重自卑感的人而言，与他人坦诚相见，意味着他们就不会想要拼命地努力博取欺压一方的好感。

无论是哪种类型的人，如果能够做到与他人进行真诚的交流，人际关系都将向好的一面转变。

　　这是因为在与他人进行真诚交流时，迎合他人的心理必要性就会消失，由此而形成了幸福之人的共同之处——良好的人际关系。

「归属感的缺失」孕育自卑感

有些人即使在事业上非常出色，却仍有严重的自卑感，其中的一些人活得非常痛苦。

但是，也有些人虽然在事业上算不上出色，但是拥有快乐且充实的人生。这些人尽管没有优秀的学历，却没有严重的自卑感。

相反，一些人出身于名门之家，在精英发展道路上成长起来，却因为自卑感而患上抑郁症，甚至因此自杀。

此前我也讲述了有自卑感的人的心理症状，那么原因何在呢？

自卑感的根源在于卡伦·霍妮所说的

"归属感的缺失"。进一步说，就是缺乏自我意识。

如果拥有归属感，"自己逊色于他人"这一想法就不会成为重大的不利条件。[1]

简而言之，"能够与他人坦诚相见的人"不会有严重的自卑感。

自卑感与各种心理问题有着紧密的关系，是扭曲的人际关系的产物。同时，自卑感并不是只要优越于他人就能够解决的简单问题。

平庸与自卑感没有任何关系。如果认识不到这一点，就无法从严重的自卑感中解脱。

小学生成绩差就会产生严重的自卑感吗？当然不会。人际关系才是导致自卑感的重要因素。

如果孩子与父母之间有情感交流，即使成绩差，也能够就此进行交流，这样的孩子长大之后将会拥有自信。这句话出自美国的社会学者布莱恩·G.吉尔马丁（Brian G.

---

① 出自《神经症与人的成长》（*Neurosis and Human Growth*），卡伦·霍妮著。

Gilmartin）的著作。①

　　能够与父母交流"学习成绩差"这件事情，对于孩子来说是很值得开心的。这里包含着能够把成绩差的事情说出来的幸福感。

　　与父母没有情感交流的孩子，"学习成绩差"这件事情会让他们很痛苦。

　　在心理上能够确保安全与不能够确保安全的两种情况下，面对同样一件事情时的感受是不一样的。

　　因此，父母最重要任务是教给孩子渡过难关的方法。能够自己独立解决困难，会让孩子拥有自信。

　　所以，有些孩子尽管成绩差，但也会有自信。而有些孩子尽管成绩好，却为自卑感而苦恼。

　　可能经常会有人对你说"加油，你一定行"这类被用于鼓励人的话，但如果你和说这句话的人之间缺乏信赖感，这句话只会让你平添压力而已。

---

① 出自《害羞男人综合征》（*The Shy-Man Syndrome*），布莱恩·G. 吉尔马丁著。

身边有能够真诚交流的人吗

与身边的人建立了信赖关系的人不会有严重的自卑感。相反，不能与他人真诚交流的人无论在事业上多么成功，都会被严重的自卑感折磨。

身边有能够交心的朋友，这样的人无论在事业上是成功还是失败都不会有严重的自卑感。

所以，如果想要真正克服自卑感，首先要找到能够交心的朋友。对有严重自卑感的人来说，这将会比在事业上获得巨大的成功更具有价值。

在生活的赛道上，因为跑得慢感到羞耻从而有严重自卑感的人，尽管努力练习想要提高速度争口气，自卑感却因此而加深。

就自卑感而言，为了跑得快而努力练习是最糟糕的处理方法。无论努力的结果是成功还是失败，自卑感所带来的痛苦都只会不断加深。

因为喜欢跑步而努力练习的人，不论是否能够提高速度，心理上都是充实且幸福的。

跑得慢有可能会造成自卑感，但也有可能不会。这要看你处于什么样的人际关系当中。

人由于错误地对待愤怒和孤独，从而扭曲了人生。

由于大学入学考试不合格而失落的人，会认为是因为考试不合格，自己才会感到失落。他们将自己的抑郁情绪与考试不合格联系起来解读，而且还认为如果考试合格的话，他们就会感到幸福。

然而，因为考试不合格而心情失落的人，即使合格了也不会感到幸福，只会有瞬间的喜悦，很快又会因其他事情不如意而感到不幸。

下文会进一步说明有严重自卑感的人，他们的乐趣和幸福感是不同的。

因为考试不合格而心情失落的人，并非只有考试合格才行，只要处理好现在的人际关系就能够变得幸福。如果不处理好的话，是不会变得幸福的。

远离你认为十分重要但认为你不重要的人，与能够接纳自己的人建立良好的人际关系，如此就能变得幸福。

重要的不是考试是否合格，而是现在自己所属的团体是否让自己有归属感。如果没有归属感，无论考试是否合格都不会感到幸福。

对现在的人际关系纠缠不放，是不幸的人强烈的依赖心理所导致的结果。

换言之，强烈的依赖心理是他们不幸的根源，而并非考试不合格，是依赖需求和归属感的缺失将考试不合格变成了不幸的经历。

因为失败而受伤的人，认为失败的经历是自己受伤害的原因。但是，即便是失败，人也不会因为失败本身而受伤害。失败只是一个间接的经历而已。

人际关系的影响力

当一个人遭遇失败时，究竟是在怎样的人际关系中失败了？出生之后在怎样的人际关系当中生活？这是值得关注的问题。

因为失败而受伤害的人，如果身处不一样的人际关系当中，即使经历同样的失败，也会有不同的感受和看法。

失恋也好，考试不合格也罢，在不同的人际关系中经历，会有完全不同的结果。

一件事情的影响之所以会延续不断，是因为很久之前发生事情的这个集体至今依然存在。

身边的人认为"适可而止，忘了吧"，但本人却无法忘怀。那件事甚至会造成他现在的不愉快或内心积蓄不满的情绪。

比如，向家人求助时被拒绝了。在他们看来，这不仅仅是被拒绝，而且是对家庭这一集体信赖感的丧失。

尽管年纪轻轻，但却心力交瘁。不是为了复习考试而疲惫，而是为了让不接纳自己的人能够喜欢自己而心力交瘁。

断绝与不能接纳自己的人之间的关系，抱着正当的目的，建立起理想的人际关系，这样的努力不会让人心力交瘁，无论怎样努力都不会让人感到疲惫。

如果不能正确理解当下自身自卑感的来源，到死也不会变得幸福。不论怎么努力，最终结果也只会事与愿违。

"做真实的自己就好"这句话并不是不需要努力进取的意思，而是自己要做的事情不要只是口头上说说，要付诸实际行动，全力以赴，在此基础上做真实的自己。

身在当下，心在过去

将具体发生的事情与自己的幸福或不幸关联在一起是错误的。

悲观的人即使中了彩票，也依然觉得生活中充满不幸。乐观的人即使掉进沟里，也依然觉得"没受伤，真幸运"。

同理，有严重自卑感的人即使现在正在经历愉快的事情也感觉不到快乐。因为他们的内心还在过去的岁月中一直被他人支配着。

他们的当下只不过是在内心中重复过去的经历，身在当下而心在过去。

如果能够感知当下，严重自卑的人将会

开启完全不同的人生。

参与当下，这才是出路。一旦能够"融入现实"，周围的世界将会焕然一新。

当然，并不是现实中周围世界真的发生了改变，而是有严重自卑感的人对周围世界的感知发生了改变。

抑郁症患者认为"谁都不爱我"。而事实上他们正被爱着，只不过他们的心还停留在过去，没有发觉现在的自己正被爱着。

有严重自卑感的人对当下的自己，以及当下自己所接触的人都毫无感知，即使被爱着也感觉不到。

他们没有将心思放到现在爱着自己的人身上，而是放到了过去曾经虐待过自己的人身上。

他们虽然在身体方面成长了，但是内心却停留在过去的某个时间点。虽然希望对方为自己摇摇篮，但是感知不到对方其实正在为自己摇摇篮。明明得到了对方无微不至的照顾，却又对此不感兴趣。

这些，都是因为他们的心依然停留在曾经被他人无视的过去。

正视自己的心理问题

执着于自己在他人心中的负面形象而具有消极自我意识，由此产生了严重的自卑感和孤独感。这就是前文提到的不能与他人真诚交流的原因之一。

"察觉施加于自身的消极暗示，治疗就由此开始了。"[1]本书帮助你思考如何将消极的自我意识转变为积极的自我意识。

自卑感是自身的心理问题以自卑感的形式表现出来。严重的自卑感并不是平庸引起的，而是自身心理问题的体现。

正是因为自身的心理问题才产生了自卑的烦恼，如果认识不到这一点，就无法从自卑感中解脱。

一旦解决了心理问题，就无须再为自卑感而烦恼了。

"自卑者的心理问题是什么呢？"正视这一问题可以从本质上消除自卑感。

自卑者的心理问题包括不能与他人真诚交流，内心被憎恶感占据，无法确立归属感，等等。无论是哪一种，都

---

① 出自《停止恐惧》(*Stop Being Afraid*)，大卫·西伯里(David Seabury)著。

是因为无法消除内心的不安，从而陷入自卑感之中。

自卑感并非来自外在的问题。所以，无论外在如何变化，自卑感都不会消失。而且，**自卑感即使转变为优越感，也不会消失，有多少优越感也就有多少自卑感。**

优越感和自卑感是一个硬币的正反两面，都会通向地狱之路。

当因为不够优秀变得自卑时

人绝不会因为平庸而受伤害。

比如，就算被父母说"你太笨了"，也绝不会受伤害。因为他们感觉到不聪明的自己也能被父母所接纳，这句话反而让他们感到安心。

人往往是在感觉到"因为这样自己才不被接纳"的时候受伤害。此时，不够优秀的平庸感就变成了自卑感。

自卑感的根源就在于卡伦·霍妮所说的"归属感的缺失"。更确切地说，自卑感其实是源于爱的缺失。

在严重的自卑感中苦苦挣扎的人，他们的人生是缺乏爱的。

尽管被父母说"为什么我家孩子这么没出息"，也不一定会因此受伤害，不一定会有自卑感。或者即使被说"我家养了个吃白饭的"，也不一定就因此受伤害。

只有感觉到没出息的自己"不被接纳"时，平庸感才会转变为自卑感。

家庭当中的"孤立和排斥"是自卑感产生的原因。当感觉到真实的自己被自己认为很重要的集体排斥时，严重的自卑感就产生了。

成长于有爱家庭的孩子被老师训斥，父母说："没用的，我家孩子自己对自己都没一点要求。"尽管父母在抱怨孩子不上进，但孩子并不会受伤害。孩子反而因此感到安心，因为父母并不逼迫自己学习，在父母这里找到了归属感，从而在心理上得到成长。

感觉到真实的自己被接纳，孩子的心理才会健康成长。

平庸并不是导致自卑的问题所在，问题在于平庸的自己能否被自己认为重要的人接纳。

无论怎样提高业绩也无法消除自卑感。这一事实使那些提高了业绩却仍然感到自卑的人吃惊，他们一度因为无法摆脱自卑感而想要自杀。

有缺点并不是问题。有了自卑感之后，有缺点才成为问题。

自卑感具有将人送往地狱的魔力。究竟何时能消除自卑感，决定了自卑的人何时能发自内心地感到幸福。

因不被接纳而产生的憎恶感

自卑的人成长过程中身边没有值得信任的人。自卑感源于真实的自己不被接纳的痛苦。

有严重自卑感的人，觉得自己被全世界拒绝，认为全世界都在与自己为敌。这也是归属感的缺失。

父母没有像自己希望的那样关注自己，"被父母关爱"这一基本需求无法得到满足，从而觉得自己被全世界抛弃，全世界都在与自己为敌。

有严重自卑感的人任何时候都容易受伤害。

同时，还要看让他们觉得被伤害的这句话是谁说的。同样一句话，说话的人不同，他们感到被伤害的程度也会不同。

山百合美丽地绽放着，但过路人却说"像杂草一样开在路边，真讨厌"。被人们这么一说，山百合仿佛失去了生存能量，开始变得毫无生机。

山百合一绽放就遭到贬低，有了这样的反复经历，自卑感就产生了。同理，付出努力却不被接纳，多次反复之后就会产生自卑感。

天鹅十分漂亮，但周围人却把它当作"丑小鸭"看待。它因为"丑小鸭"的评价而不被集体喜爱、接纳。

自卑的人身边围绕的常常也是自卑的人，是一些不接纳他人的人。同时，他们大多数也是被自卑的人抚养长大的。

严重的自卑感的背后是憎恶感。有严重自卑感的人在潜意识中想要伤害身边的人。

放弃错误的努力

"神经症患者缺乏自身能量。"[1]这句话也是对有严重自卑感的人的解读，自卑的人自身不具有能量。

即便他们非常努力，这种努力也并不能激发他们自身的潜力。

自卑感特别严重的人，对自己所努力的目标毫不关心，对自己所做的事情也完全不感兴趣。

因为爱好而唱歌的人，不会热衷于和别人比较谁唱得好，更不会因为比输了而产生自卑感。

---

[1] 出自《神经症与人的成长》，卡伦·霍妮著。

但是内心对任何事情都不感兴趣的人，喜欢随时随地拿自己和他人做比较。所以，他人就具有了不恰当的重要性。

没有自卑感的人具有自身能量。他们不热衷于与他人做比较，将能量用于激发自身的潜力。因此，不论成功还是失败都会有收获。

像《从小木屋里走出的伟大总统亚伯拉罕·林肯》此类励志型的名人传记屡见不鲜。但如果严重自卑的人按照自己的方式，模仿"从小木屋里走出的伟大总统"而做出同样努力，他们最终只会精疲力竭。

他们付出的努力之所以得不到回报，不是因为努力的程度不够，而是因为努力的方向出错了。

总是在无益的事情上消耗能量

有严重自卑感的人付出的努力之所以得不到回报，是因为他们的努力用错了地方。

这就像在混凝土上挖水井。如果有人对严重自卑的人说，你需要用 10 年在混凝土上挖水井，他们会怎么想呢？

有严重自卑感的人并不知道该从哪里挖第一铲。之所以说他们现在缺乏能量，那是因为很长时间以来他们一直在混凝土上挖水井。

不知道该从哪里下手的人，就是不知道自己现在所处位置的人。这就像对电脑一窍不通的人，突然想制作编程软件；或者平常从不使用电脑的人，却突然说要马上成为电脑专家。

有严重自卑感的人大多是非常努力的人。但他们并不幸福，反而时常焦虑急躁。

这样的人不知道自己喜欢什么，他们平白无故地拿自己与他人做比较，或者因为进展不顺利而在意别人的看法，又或者为了得到他人的认可而做了力所不能及的事情。

有严重自卑感的人把能量都消耗在了这些无益的事情上。没有自卑感的人虽然也害怕被他人讨厌，但不会勉强自己。他们会遵循自己的愿望，即"我想这样做"。

对于《从小木屋里走出的伟大总统亚伯拉罕·林肯》，没有自卑感的人并不是理解为"奋斗吧！"，而是理解为"去发现自我吧！"，这一点非常重要！有严重自卑感的人却将这一点弄错了。

因为在错误的事情上努力，生活中就只有痛苦，别无其他，内心始终得不到满足。所以，有严重自卑感的人在不属于自己的战场上战斗。

源于自卑感的努力使内心更加脆弱

因为严重自卑感而没有取得成功的人没有将能量用于开发自身潜力上，而是把能量消耗在与周围人的关系之中。

他们不将注意力放在目的达成之上，而是过分在意、顾虑某个人，能量就在这个过程中被消耗殆尽。

因为把能量用于让自己不受伤害，所以导致目标无法达成。

以"不受伤害"为动机的努力，和以兴趣、专注和爱为动机的努力，产生的结果是完全不一样的。

前者使人越来越不幸，后者使人越来越幸福。"为了不受伤害"而时刻想着如何保护自己，结果内心崩溃。

源于自卑感的努力使人内心更加脆弱。

以他人如何看待自己为动机而采取行动，无论他人认为自己是好还是坏，结果都会让自己更加恐惧别人的评价，越来越在意他人是如何看待自己的，因为担心对方认为自己不好而惴惴不安。

总之，有严重自卑感的人虽然克服了人生中的种种困难，结果却没有让自己的内心变得强大。

相反，每一次面对困难时的过度努力，都使得内心越来越脆弱。虽然一直在"锻炼着忍耐力"，但却无法成为内心强大的人。

忍耐痛苦，并不一定能够磨炼心性。

是否弄错了动机

长年认真努力的人可能也是脆弱的人，导致这个问题的原因可以追溯到行为动机。面对困难时害怕失败，害怕失败时他人对自己的评价，这就是问题所在。

他们尽管以成功为目标认真努力，却成了内心脆弱的人。即便成功了内心依然脆弱，这是无法改变的事实。不仅如此，还会变得更加脆弱。

失败之后陷入绝望，无法重新振作起来，变得软弱无力。**总之，因为自卑感而努力，无论是成功还是失败，都会成为内心脆弱的人。**

或许他们的社会根基会因此得以确立，但自我根基却极为脆弱。

以自卑感、对名誉的渴望为动机，从社会层面来看似乎没有问题，他们只是认真的"拼命三郎"。但他们对失败的恐惧感却会不断加强，变得越来越害怕失败。

失败之后软弱无力，即使成功了也只会加深自卑感。

而且，自卑感越严重，视野就越狭隘。自卑感的表现——视野的狭隘，即贝兰·沃尔夫所说的利己主义。

他们可以选择的行动变得很少，不知道"什么对自己最重要"，对于能够让自己变得幸福的行动难以做出选择。

正如"身心耗竭综合征"概念的提出者赫伯特·J. 费登伯格（Herbert J. Freudenberger）所说，身心耗竭的人非常努力，全身心投入到工作当中。但无论怎样努力都无法一帆风顺，能量也随之消耗殆尽。

问题其实还是在于努力的动机。身心耗竭的人，行动的目的是外部所赋予的。

强烈希望得到认可的心理，是自卑感严重的表现。

不是因为外部所赋予的目的，而是出于自己的意志振兴企业、挑战名校，最终无论是成功还是失败，都会有一定的收获。

相反，如果不是出于自己的意志，而是因为自卑感，为了得到认可而努力，那么很遗憾，无论是成功还是失败都不会有所成长。

因此，在经过长年的努力而获得成功的人中，有很多软弱的人。一些在精英发展道路上成长起来的人，遇到些许困难就束手无策。于是就有"精英皆软弱""杂草生命力顽强"等说法。

但是，也不能一概而论。"杂草群体"中也有软弱的人，"精英群体"中也有坚强的人。

有三类人需要特别反思自己努力的动机。第一类是典型的软弱型精英，从小为了得到权威父母的认可而努力。第二类是虽然很努力，但在面对逆境时却软弱无力的人。第三类是无论如何都无法坚强起来的人。

第二章

对事情的解读
方式影响人生

问题不在于事情本身，而在于对事情的解读

情绪容易低落的人会对细微的事情反应过度，并且对些许不利或不幸的事情都会做出极端的判断。

失去生活能量、变得抑郁的人也容易做出极端和绝对的判断。遭遇一点失败，他们就觉得天要塌了。

抑郁的人最终会拒绝一切，变得对凡事都漠不关心。

我曾遇到一个看上去非常开心的女孩。我问她："最近一切顺利吗？"她说："除了没有工作之外一切顺利。"她还热情招待我到她家里做客。

然而，对于抑郁的人而言，失去工作这件事足以使他们的人生变得灰暗至极，同时成为他们情绪抑郁的导火索。

他们丧失生活能量的原因并不完全是某件特定的事情，自己设定的目标与现实之间的鸿沟，才是将他们推向绝望深渊的因素。将事件定性为"不幸"的解读，也会让他们变得更加不幸。

将实现自己设定的目标看作使人生变得幸福的必不可少的条件，如果没有实现，他们便会耿耿于怀，从而把自己推向不幸的深渊。

设定目标的正确性以及目标的可实现性，从客观上来看，于他们而言是值得推敲的。

患有抑郁症的人和具有生活能量的人的区别，并不是所经历的事情不同，而是对自身所经历事情的解读不同。

即便面对相同的经历，有抑郁症的人也会给那些经历附加不合理的价值，从而夸大自身的失败。

给微不足道的失败赋予重大意义的不是他人，正是他们自己。如果他们不纠正自己错误的解读方式，别人也无能为力。

他们以微不足道的失败为轴心，在周围徘徊。对自身经历、价值的错误评价，以及对未来的错误预估，这些就是问题所在。

他们总是用过去的失败来评价自己，尽管完全没有必要。

有些公司职员会说"反正我顶多就是个科长了"，**这类人习惯用过去的经历来评价自己，并且随意地对自己的未来加以限制。**他们对未来做出了悲观的假设，并且相信这个假设无法规避。

即便是抑郁的人也会有梦想，但是这个梦想与其说能给予他们活力，不如说反而让他们焦躁不安。因为有了梦想，他们反倒在精神上无法得到休息了。

为了解决心理矛盾而产生的所谓梦想，并非真正意义上的梦想，也并非能激发自身潜力的梦想。

以偏概全

容易陷入抑郁情绪的人，他们对事情的解读方式有一个特征，那就是他们认为不愉快的状态是自身原因造成的。

比如，由于经济不景气而失业的人，会认为是因为自己能力不足才丢掉工作的。缺乏自信导致工作能力也随之变弱。

容易陷入抑郁情绪的人，不仅会因为失业或失恋而痛苦，还会由此发现自己更多的缺点，并为之痛苦。他们往往通过发现自身的缺点，来麻痹自身的其他机能。

职场中，有些人与上司合得来，有些人则不然。与上司合不来的人应该意识到，这并非他们的错，也并非上司的错。只是碰巧两个人的关系组合不合适，仅此而已。

但有些人却将此解读为"我能力不够""我不适合这份工作"。仅仅是关系组合不合适，他们却由此自己解读出自身某些新的缺点，并开始用这些缺点来对自身整体进行评价判断。

一旦开始了这样的解读，无论是谁都难以维持生存能量。即便自己真的存在某个缺点，那也不代表要因此决定对自身的整体评价。

但如果身陷其中，就难以将自己的注意力从自身的缺点转向自身的优点，这就容易陷入抑郁情绪。

容易陷入抑郁情绪的人的特征：习惯通过一件微不足道的事情来进行整体的判断。

比如，打电话邀请同事，对方说"很忙"拒绝了邀请。他们就由此过度解读并判断"他不喜欢我，我不讨人喜欢"，从此开始失去自信，避免与他人交往。

邀请属下去喝酒被拒绝，他们就会怀疑自己的领导能力，而不会正确解读："现在的年轻人行事作风就是那样的，这跟我的领导能力没有关系。"

极端的判断带来最坏的结果

在日本，一到 4 ~ 5 月份，报纸上时常会报道新职员自杀的消息。我记忆中有一个案例就是这样：一个刚就职于广告代理公司的职员，去公司的第二天就自杀了。

他第一天上班时没有签入职合同，第二天是星期日，第三天因为感冒缺勤，第四天在去公司的路上等候电车时跳轨自杀。他自杀的原因只是第一天没有签入职合同。这个公司共入职十名新职员，大家第一天都没有签入职合同，只有他因此自杀了。

对于第一天没有签入职合同这件事，有些人将它解读为"才刚开始嘛"，也有些人对此附加了重大的价值，做出了"自己的能力有问题"这样极端的判断。

自杀的这个人具有一丝不苟、完美主义的性格特征。这样的人的世界会因为小小的失败而一触即溃，轻易放弃自己的生命。

上面案例中的这个人是因为纠结于上班第一天的"失败"而自杀，纠结于过去失败的人也同样容易自杀。

这个人如果将没有签入职合同与个人问题分开解读，就不会做出这样的举动了。"签合同是很困难的，这个行业就是这样，如今世道艰难，我必须加油啊"，他没有这样解读，反而觉得签不到合同，是因为自己太脑腆了，并由此不断地发现自身的其他缺点，最后做出了"自己无法胜任工作"的极端判断，以及自杀这样的过激反应。

他通过没有签入职合同这件事而联想出自己的其他缺点。尽管缺点无法转变为优点，但他却将自己的缺点绝对化了。

如果觉得自己腼腆，正视自己的腼腆就好了，或许会由此发现其他的机会。如果没有发现其他的机会，也应该知道腼腆也可能会成为自己的武器。

　　一旦正视自己的缺点，同样也能发现自己的"战场"。

不要为凭空捏造的妄想而痛苦

有些抑郁症患者会没有缘由地认为自己是个"冒牌货"——自己的外在形象是虚假的，并为此感到痛苦。

某个公司的职员升职了，因为他既有能力又勤劳肯干。而他却因为这次晋升陷入抑郁状态，变得嗜酒、失眠。晋升让他觉得压力山大。

他是一个比一般人更渴望成功的人，成功在他心中的分量很重。这一点使得晋升给他造成了压力。

不久之后，他去了精神科就医。事实就是，很有能力的他把自己逼入了绝境。

因为对成功有强烈的欲望，当他获得成功时，反而认为自己不配拥有这份成功而感到恐慌了。

他认为自己并不具备与自己职位相匹配的能力。他觉得这是"来自工作的压力"，但与其说来自工作，不如说是他自己凭空捏造的。

对职位的执念，表现为害怕失去职位的恐惧。因此，他每天为担心失去现在的职位而恐慌。

他所感受到的压力并非工作本身的压力，而是因对职位的执念而产生的压力。

之后，他又开始觉得"我的能力与这份工作不太匹配"。这种类型的人工作做得越多，就越觉得必须要做更多的工作。

自己不具备胜任现任职位的能力，这种不安会促使他们想要对自己以及其他人炫耀自己具备胜任这个职位的能力。

越是想要炫耀，就越对自己的能力感到不安，压力也随之越积越多。

过了一段时间之后，就开始妄想领导是不是要把自己从这个职位上赶下来；再之后就开始觉得自己周围的世界被敌人所占领，认为全世界都在威胁自己。

但这一切都只是他自己的妄想。最初认为自己配不上现在职位的也是他自己。

虽然他感到恐惧是事实，但同时他升职这件事也是事实。如果完全没有升职的实力，便不会升职。

但是抑郁症患者无视了这一事实，而执迷于自己没有能力这一想法。

改变思考方式

有些人，当看到自己所住的楼房着火时，能够做到保持冷静，以旁观者的角度正确采取行动进行自救。相反，另一些人即使身为旁观者，也像犯了糊涂的当局者一样采取不恰当的应对方式，反倒让自己身处险地。

由于晋升而患上抑郁症的公司职员，就是对晋升这个事实没有采取冷静的应对方式。

比如，他们说，早晨尽管已经醒过来了，却无论如何都起不来。但事实并非如此。早晨醒来之后，虽然可能无法像精神状态好的人那样马上从床上爬起来，但是也不会

"无论如何都起不来"。

在床上躺的时间越长，就越不想起床。这样一来，就会变成"无论如何都起不来"。但其实不会从一开始就如此。

事实是，据说早晨醒来之后，越是精神状态好的人越是起不来。这样说的话，就应该一醒来就尽快起床。

如果不改变思考方式和行动方式，情绪就不会发生变化。

一位成功的销售员常常对自己说"我是最棒的"，通过语言以及在房间里贴纸条的方式，来振作自己的精神。

做销售这一行，被拒绝是常有的事。如果一被拒绝就失去自信，工作就无法继续下去。

无论是谁，在自己的人生当中都是最棒的。患有抑郁症的人，也可以像上述的销售员那样，想一句能够激励自己的话，贴在早晨醒来就能看到的地方，看到那句话后就很快从床上爬起来，把脸洗得比平常更干净，把牙刷得更白。

也有人说连洗脸的精神都没有。越是没有精神洗脸，就越要把脸洗好，然后哼着歌曲，看着自己的脸说："早上好。"

当情绪抑郁、失去自信的时候，需要注意身体方面的健康。身体不健康与自我评价低是有关系的，切记这一点。

喝酒不能解决自信丧失的问题，只会损害健康，使问题扩大。当丧失自信不知如何应对时，早睡早起以及适度运动是非常有用的。

因为升职而不自信，变得郁郁寡欢的公司职员，每天早上可以试着对自己说："我是凭借实力当上科长的，我就是科长。"

同时，也可以尝试从客观方面进行思考。比如，这个职位的前任工作表现并非十分优秀，即便如此，他也胜任这个职位。自己刚升到上个职位时，不也曾有过不安吗？刚上任时虽然感到胆怯和畏缩，但适应之后会发现工作易如反掌。

最大的敌人不是别人，而是自己

通过前文我们已经知道，事情本身如何并不会伤害我们的自尊心，而对事情的不恰当解读才会使我们的自尊心受伤。

所以，我们要看清楚发生在我们身上的事情是什么。

前面提到的发生在新职员身上的情况，并没有严重到要使人自杀的程度，但是他为什么因此放弃自己的生命呢？

让他放弃生命的不是没能签入职合同这件事情，而是他对这件事情的解读。也就是说，**在处理事情时，最大的敌人往往不是别人，而是自己。**

赤脚跑者阿贝贝·贝基拉（Abebe Bikila）是1960年罗马奥运会马拉松冠军。他是埃塞俄比亚的民族英雄，当时的埃塞俄比亚皇帝为了褒奖他的功绩，授予他"埃塞俄比亚之星"勋章。

得到勋章后的阿贝贝依然继续着他的马拉松事业，他认为只要有这枚勋章他就一定不会输。此时给予他勇气的并非这枚勋章，而是他自身对这枚勋章的解读。

《体育的疯狂》（*The Madness in Sports*）这本书中列举了多个克服弱点的例子。

威尔玛·鲁道夫（Wilma Rudolph）曾经是世界上跑得最快的人，可是谁能想到小时候的她曾患有小儿麻痹症？小腿肌肉萎缩的症状并没有磨灭她想要跑起来的愿望，她通过训练以及强大的自制力战胜了病痛，最终从无法行走的病人变成了世界上跑得最快的人。

葛林·康宁汉（Glenn Cunningham）是20世纪30年代最厉害的跑者。但他在小的时候，双腿曾被大火烧伤，医生宣告他再也无法行走。

心理学家阿诺德·贝舍（Arnold Beisser）表示，弱点是人人都可以克服的，但保持自尊心却不是每个人都能做到的。①

但是我不这么认为，克服弱点是基于保持自尊心的。如果葛林·康宁汉自尊心受伤的话，那么对"被火烧伤"这件事的解读就会出问题，更别谈克服它带来的负面影响。

诚然，对于自己的弱点，人们都容易做出贬低自己的解读，毕竟任何人都有弱点。

但比起克服弱点，对弱点进行正确的解读，以使自己的自尊心不受伤害，这才是最重要的。

虽然不能把酸柠檬说成是甜的，进行歪曲事实、无视现实的解读，但不管是酸的柠檬，还是甜的葡萄，都一样具有存在的合理性，这样的解读非常重要。

肯定自身存在的合理性

对于自身存在的解读，关键要看是否相信自身存在的合理性。

正如我们经常说到的，平庸并不意味着一定会产生自卑感。有些人即便承认自己平庸，也不会有自卑感。应该

① 出自《体育的疯狂》，阿诺德·贝舍著。

说，在承认自己平庸的同时，就已经消除了自卑感。

能够接纳自身缺点的人不会产生自卑感，因为他们已经能够接纳自己。这是情绪上成熟的体现。

这样的人即便承认自己平庸，对平庸的自己存在的合理性也是毫不怀疑的。他们的视野非常开阔，能够从多个视角来看待自己与他人。

然而，如果父母由于生活、事业不顺心而具有强烈的自卑感，那么他们养育出来的孩子会是怎样的呢?

父母把梦想寄托于孩子身上，希望孩子能够在社会上出人头地。孩子觉得只有在事业上获得成功才能够被父母所接纳。这样的孩子就会有自卑感。

因为对于这样的孩子而言，平庸会使他们自身存在的合理性受到威胁。

当因为平庸而打破了对自身存在合理性的确信时，平庸会与自卑感联系在一起。

所谓自我根基，就是对自身存在合理性的确信。而无法获得身心的自然放松以及拥有安全感，是失去自我根基的结果，也是失去对自身存在合理性的确信造成的。

合理的恐惧是极少见的

我们来看一下遇事反应方式的差异。

这是安倍北夫《恐慌的心理》一书中的例子。

1973 年秋天，东京银座雅马哈大厅的二楼着火了，四楼大厅有二百名观众。这时大厅一位引导员阿姨对大家说："现在附近的大楼里发生了事故，为了以防万一，请全体人员离开这里。"

在场观众没有看到烟雾，一边说着"到底是什么事故"，一边从楼梯上往下走。这位阿姨无论被问到什么都始终只说："就是发生了事故。"她在千钧一发的时刻，成功救出了在场的所有观众。

这位阿姨在很早之前就收到过指示："当发生火灾时，人们一旦陷入恐慌，现场的局面就会变得混乱和危险，所以统一口径只说是事故。"

如果在这个时候说"着火了"，说不定会出现踩踏等无法预料的状况。

人们只要在冷静的情绪状态下做出反应，即使发生重大火灾，也是可以获救的。但如果人们是在恐慌之下采取行动，获救概率将大大降低。

可以说，吞噬人们生命的并不是大火，而是人们对火灾的恐惧。

我们有时候会因为恐惧而送命。当然，对于可怕的事物我们需要保持畏惧，但是实在没有必要过度地畏惧，丢掉常识。

面对危险，感到恐惧是大家都会有的反应，但是这个时候还能保持合理的恐惧却很难得，只有少部分人能够做到。

内心强大的人，能够接受无法改变的事情

我在哈佛大学图书馆里找到了乔治·沃顿·詹姆斯

（George Wharton James）写的一本有年头的书。^①

作者詹姆斯是一位心理学家，与美国印第安人共同生活了 25 年。

这本书当中有一章是"印第安人与心灵的平静"，列举了印第安人和白人比较的各种例子。

这是作者与印第安人、白人乘坐三艘小船沿科罗拉多河顺流而下时发生的事情。

第一艘小船上乘坐的是印第安人吉姆和作者。吉姆负责探路，作者负责找出漂流的路线。

第二艘小船上乘坐的是印第安人乔和经纪人。

第三艘小船上乘坐的是包括牧师在内的三个白人。

作者所在的小船每当靠近危险的地方时，吉姆随时保持着担负责任的架势。

吉姆保持着威严的态度，完全凭借自己的感觉做出判断，并等待结果。虽然大多是不好的结果，但他从不叹气、喊叫、慌张。他如实地接受发生的事情，如果发现有

---

① 指的是《印第安人健康的秘密：白人从印第安人身上学到什么》（The Indians' Secrets of Health: or, What the White Race May Learn from the Indian）。

错误就竭尽全力将其修正。

从第二艘小船上能听到些许慌乱的声音；第三艘小船上不断传来"要那么干，要这么干，要注意那个"之类的叫喊声，以及责怪对方的声音。

在相同的经历之下，每艘船上却是完全不同的状况。

同样的路程，第三艘小船航行时其实最安全。尽管如此，最安全的第三艘小船却时常传来忠告、抗议的叫喊声。作者把那些叫喊声形容为"连续不断的"。

印第安人不会一味慌张或束手无策，为了解决问题会全力以赴。而白人却只是一味地慌张，不为解决问题采取任何具体措施。

作者詹姆斯在描写了各种各样艰苦的旅行经历之后，说明了当发生困难和不愉快的事情时，始终保持冷静是印第安人所具备的优秀特征。

不仅如此，他还写道："印第安人面对不愉快的事情，如果是能够改变的，就会沉着冷静地谋求改变；如果是无法改变的，就会心平气和地接受。"

对于能够改变的事情，做出具体的努力加以改变；不

能改变的也不抱怨，而且还充满温情、心情愉悦地接受。这"具有哲学性"。

我很喜欢作者提到的"具有哲学性"这个说法。因为一直以来在日本，抱怨和表达不满被错误地认为是知识分子的行为。

很多日本人会单纯地给知识分子贴上情绪不成熟的标签。

贝兰·沃尔夫把"为了微不足道的事情而忧心忡忡"归为神经症的症状。①

---

① 出自《如何才会幸福》，贝兰·沃尔夫著。

第三章

追求优越感
也无法满足内心

出于自卑感的行动，只会强化自卑感

我们通过古希腊雄辩家德摩斯梯尼（Demosthenes）的人生经历来分析"出于自卑感的行动，只会强化自卑感"这一问题。

有严重口吃的德摩斯梯尼，曾发不好 R 的音。为了克服自己的先天缺陷，他口含石子练习发音，每天站在海岸边迎着波涛声大喊，也会一边爬山一边练习朗诵荷马的诗。经过一段时间的刻苦练习，他终于获得了成功，成为著名的雄辩家。

那么，他幸福了吗？其实并没有，成功和幸福并不是一回事。

德摩斯梯尼耗尽一生，只为了治愈内心

的创伤。事业上的成功并未将他内心的创伤治愈，他最终服毒自杀了。

他与马其顿的雄辩家厄斯启尼（Aischinēs）进行辩论，倡导坚决抵抗马其顿入侵。但最终抵抗失败，他四处逃亡，最后服毒自杀。由此看来，德摩斯梯尼的一生并不幸福。

他的一生都背负着一个受伤的自我。在他的人生中，受伤的自我从未得到治愈，他最终在郁郁寡欢中结束了一生。

把挫折当作人生的能量源和把自卑感作为动力，这两种心态下采取的行动是截然不同的。

当人生的能量来自关注自卑感、克服自卑感，以及出于自卑感而采取行动时，就像在黑暗的道路上被人追赶，慌不择路。

出于恐惧、自卑感而采取的行动，与出于内在能量而采取的行动是正好相反的。

出于恐惧和自卑感而采取的行动持续的时间越长，内在能量被削减的就越多，直至枯竭。到达某一阶段之后，内心就会由感到挫折变为冷漠。这时候，他们并不是出于内在能量而采取行动，而仅仅是为了治愈受伤的自我。

他们采取行动，不是因为自己想做，而只是因为他们认为这样做有利于自我治愈。

德摩斯梯尼出于自卑感而采取的行动加深了他的自卑感。因为口吃带给他的自卑，他一边练习朗诵诗歌一边往山顶上爬，自卑感也在这个过程中进一步加深。

出于自卑感而采取行动，无论结果是成功还是失败，都会使自卑感进一步加深。

久而久之，除了为自我治愈而采取的行动之外，当他们扪心自问真正想做些什么时，一定会感觉到自身情感的自发性变得越来越薄弱。

他们或许会愤怒，会怨恨，因为他人的言行伤害到了他们的自尊，而不是对方妨碍到了自己的表达。也或许会因为被朋友说"你连这种事情都不知道吗"而生气，但他们内心并不会真的因为对这件事感到好奇，有想要了解的欲望。

防御型行为使事态严重化

"当你采取了某种行为，这种行为会增强你所做事情的动机。"①

出于自卑感而吹牛，是因为他们认为如果不吹牛就不会被别人放在眼里。吹牛是出于不安、自卑，结果却使自卑感变得更加严重。

还有一些有严重自卑感的人，发现别人犯错误时会过度地加以责难。他们责难别人的动机就是自卑感。每当他们为难别人时，自卑感就会变得更加严重。

此外，出于嫉妒而采取行动，也会使嫉妒心加重。

有些女性由于担心会被恋人嫌弃年龄太大而隐瞒自己的真实年龄。由此，年龄在她们的恋爱当中变得非常重要。她们错把年龄当作恋爱的障碍，通过隐瞒的行为把因为年龄产生的自卑感进一步加强。

讨厌某种动物而将其驱赶，驱赶这一行为加剧了对这种动物的憎恶。在驱赶之前是因为某种原因而憎恶，但在驱赶的过程中憎恶感变得更加强烈。

"为了不受伤害"而做出的努力，与出于兴趣、感情等所做出的努力，尽管都是做出了努力，但所产生的结果是完全不同的。

---

① 出自《自我创造的原则》，乔治·温伯格著。

前者使人越来越不幸，后者使人越来越幸福。

防御型行为的持续，要么会加剧内心的不安，要么会使人因为对自己感到失望而自暴自弃。

当在意自己的弱点时，就会想要隐藏，不希望被他人触碰。

假设某人戴着假发遮掩自己严重脱发的事实，他会竭尽全力不让他人有触碰到自己假发的机会。在肉体上避免被他人触碰，在心理上也是一样的。

假设一个人因为自己小时候偷过东西而感到自卑，在成长的过程中他就会不断地对此进行心理弥补。这种心理会直接影响他的行为方式。

越是想方设法隐瞒过去，过去就会变得越加明显。

接纳事实的方式将改变人生

日本一位成功的实业家，虽然左眼几乎失明，但是他却是个彻头彻尾的乐天派。

因为口吃而自卑的德摩斯梯尼，尽管通过后天练习摆脱了口吃，却最终自杀。而这位左眼几乎失明的实业家却能成为乐天派。

不能发出 R 的音与左眼几乎失明并不存在根本性的差异。如何看待有缺陷的自己，决定二人走向了完全相反的道路。

不能发出 R 的音是事实，眼睛几乎失明也同样是事实。然而德摩斯梯尼把事实解读成了对自尊的伤害，这样的解读让他做出了放弃生命的决定。

当然，并非所有口吃的人都会像德摩斯梯尼那样把自卑深埋心里，就像这位乐天派的实业家没有将自己左眼几乎失明解读为对自尊心的伤害一样。

问题并不在于事实本身，而在于对事实的解读方式。

德摩斯梯尼把不能发出 R 的音这一事实看成影响自己成功的决定性因素，并且认为自己如果不成功就不能够获得幸福。

他对如何使自己发出 R 的音、如何成为雄辩家倾注了所有的努力，投入了所有的感情。与此同时，他越是为之努力，"只有成为雄辩家才会幸福"这一情感就越强烈。

这种强烈的情感不断鞭挞着德摩斯梯尼，促使他更加努力。这样的努力又迫使成为雄辩家与幸福更加紧密地结合在一起，陷入了恶性循环当中。

于是，德摩斯梯尼认为自己人生的幸福是由能否成为雄辩家决定的。这样的想法使他对自己不能发出 R 的音这一事实产生了憎恶感。

他一步一步地把自己变成了雄辩家，但与此同时，他对自己的憎恶感也逐渐加深。

当遇到比自己口吃更严重的人时，他会从对方身上获得优越感，并且蔑视对方。对他人的蔑视和取笑其实也在加深自己对自己的憎恶。

那些没能进入自己理想中的知名企业，至今仍对此耿耿于怀的人，会蔑视就职企业知名度更低的人。

德摩斯梯尼越是将自身的幸福寄托于成为雄辩家之上，就越会过度放大自己口吃的事实。

尽管口吃对于有些人来说并非大不了的问题，但在另外一些人看来，却有可能是决定人生价值的重要问题。

对于自身缺陷的解读以及所采取的行动，会促使自己对这个缺陷越发重视。正是自己使自身的缺陷变得如此重要，而并非他人。

对自卑感的过度补偿无法消除不安

一本有关女性烦恼的书籍中讲述了一个名叫杰恩的女性的故事。

杰恩在四岁时被严重烧伤，此后一直被其他孩子嘲笑，没有一个孩子愿意跟杰恩一起玩儿。

杰恩九岁时因患上骨癌住进了医院。由此，在她的自我意识当中，除了"烧伤的杰恩"之外，又多了一个"生病的杰恩"。

出于这样的自我意识，杰恩为了获得成功而付出了超出常人的努力。她高中时参加选美大赛并取得胜利，大学时又为了使自己受大家欢迎而当选班委。后来她结了婚，进入人生新阶段的她却依旧处在焦虑中。

结婚后，她考取了研究生，同时兼职两份工作，并且扮演着完美母亲和妻子的角色，还在工作中获得了"模范教师"的称号。但她的焦虑依旧。

她自己总结说："我所有努力的动机均来自'不努力的自己没有任何价值'这一内心感受。"

无论怎样努力，内心还是会发出"这样还不够"的声音。越是成功，自我意识就变得越糟糕，她最终离婚了。

所幸，她意识到了自己的心理问题，并且接受了心理治疗。从心理医生那里，她了解到自己的情况属于常见的对自卑感的过度补偿。

保罗·约瑟夫·戈培尔（Paul Joseph Goebbels）因为对腿部残疾的过度补偿而成为虚无主义者，给世界带来灾难。口吃的德摩斯梯尼通过过度补偿成为大雄辩家。但他们最终都自杀了。

不仅是严重烧伤、口吃等情况，没考上名牌大学、复读多年、没有某个资格证等，这些在他人看来无足轻重的事情都有可能成为一个人自卑感的来源，这个人会因此花费一生进行过度补偿。

许多人尽管在事业上取得了成功，但在私生活方面却很失败。这些人之所以事业成功，大多都是因为对自卑感的过度补偿。

由于归属感的缺失从而产生了自卑感，从而对自卑感进行过度补偿。这种情况就属于"尽管心理上出了问题，却在事业上获得了成功"的情况。

如今，在被称为优胜者的人群中就有不少这种情况。社会层面的适应性成为划分优胜者与失败者的标准，情绪层面的适应性因缺少关注而被忽略了。

杰恩确实被严重烧伤，但这并非造成自卑感的真正原因。

"无论杰恩是否被烧伤都是我的孩子"，如果她的父母这么想，并且这样告诉她，让她不会因为被烧伤而产生自卑感，结果就不一样了。

被烧伤会给她造成自卑感，有一部分原因是她认为被烧伤的自己不被周围人喜欢。

这样的话，即使不被烧伤也会是一样的结果。考生并非因为考试落榜而感到不幸，而是因为感到了不幸才导致了考试落榜。因为归属感的缺失，所以事事不顺。

不论考试结果如何，都被家人接纳："不管发生什么，你都是我的孩子。"具有了这种强烈的归属感，即便考试落榜也不会产生强烈的自卑感。

由于考试落榜而自卑的人，即便是没有落榜，如愿考上了大学，他们在大学四年中也不会感到幸福。这是因为他们从根本上就不具备获得幸福的必备条件——对集体的归属感。

有心理疾病的人往往生活在他人的眼光之中。他们并不是与当下自己身边的人一起生活，而是生活在对过去曾经伤害过自己的人的憎恶情绪之中。

神经症患者，是活在过去的人。他们没有把精力用于自我实现，而是用于实现"理想的自我"。

活在他人眼光之中的人、与他人共同生活的人，二者之间存在着决定性的差别。

过度补偿是出于报复心

女性在五根手指上都戴上钻戒，这种行为在一定程度上可以看作对自卑感的过度补偿，这也是奥地利精神科医生贝兰·沃尔夫所说的优越情结。

有些人乘坐私家飞机前往某地吃拉面，在飞机上喝香槟，做一些别人做不到的事情。从心理学上分析，他们的这种炫富行为恰恰说明了他们对曾经的贫穷感到自卑。

采用补偿方式来减轻背负的自卑重担的人，他们终日战战兢兢，担心别人不把自己放在眼里。[①] 但补偿性满足和幸福感是不一样的。

上述炫富行为就是卡伦·霍妮所说的过度补偿，仅仅是为了消除幼年时期以来的屈辱感。他们希望最好是一夜暴富，把过去做不到的事情统统都做了。

这更是一种憎恶感，包含了想让对方刮目相看的心理。这类人其实是想要通过补偿的方式治愈内心的创伤。

内心受伤会感到疼痛，伤痛会滋生愤怒，从而产生不满。

"我以前很穷"的补偿方式是变得富有，之后报复性消费；"我长得丑"对应的则是整容上瘾，在形体上有自卑感就疯狂健美。但是如果一直普普通通无所作为，屈辱感就没有宣泄的通道。

过度补偿是一种报复心理，目的是让他人对自己刮目

① 出自《如何才会幸福》，贝兰·沃尔夫著。

相看。然而，过度补偿最终只会使心态崩溃。基于憎恶感的生活无法维持到最后。

优越情结，犹如恐惧的少年为了壮胆，吹着口哨走在漆黑的夜路上。[①] 即便吹口哨也不会使恐惧感消失，反而会使之加强。

即便获得了事业成功，自我意识也不会改变

否定自我意识的人，即使取得了成功也总是感觉被某些东西所驱使，内心深处依然觉得自己是个无用之人。现实生活中，有这种想法的人很多。

这类人一直努力想让他人把自己看得比实际更重要，所以在与他人交往中缺乏沟通的真诚。

内心深处没有感受到"真实的自己"被对方所接纳的人，即便是成功了，自卑感也不会消失。

事业的成功并不会使自我意识发生改变。

为了平衡内心对自己的严重失望，有自卑感的人会迫切地寻求他人的认同和赞赏。

---

① 出自《如何才会幸福》，贝兰·沃尔夫著。

虽然名誉和能力能够快速地治愈受伤的自尊心，但是只是暂时的和表面上的。实际上，自卑感反而会更加严重。这是乔治·温伯格所说的"行动会强化动机"。

即便在事业上取得了成功，也依然觉得自己毫无价值。无价值感还会进一步强化，对爱的渴望也会进一步加剧，越发迫切地寻求爱的满足感。正因为如此，获得了美貌与名声的人也会自杀。

他们想要变得更美，想要获得更多的权力，欲望越来越多。

因为担心别人不会像自己希望的那样来看待自己而忐忑不安，在内心深处认为自己毫无价值，又担心他人发觉这一点。于是他们终日忧心忡忡，担心自己的虚张声势被他人识破。

自卑导致防御心理

有些人会梦到自己从高处坠落，或者处于悬崖边，由于害怕掉落紧紧地抓住悬崖上的岩石。据卡伦·霍妮所说，当人在对自己想象中的优越感感到怀疑时就会做这样的梦。

梦到自己从高处坠落，代表这个人害怕自己从幻想中的圣坛坠落，或者是对自己所获得的荣誉感到不安。这同时也代表这类人在生活中正处于无法再继续执着于自身幻想的处境。

越是强迫性地追求荣誉，就越会恐惧失败。从高处坠落的梦从某种意义上说，就是一种神经症式的自尊心危机。

强迫性地追求某种愿望的人，往往对自己感到不安和沮丧。

执着于某些事情而感到沮丧的人，有必要反省一下自己在潜意识当中究竟对什么东西如此迫切，即认真地想一想"自己现在所追求的东西真的是自己所需要的吗？"。

这些人在没有取得成功时会先塑造自己的形象。比如，他们提倡得过且过的价值观，认为"什么事情都无所谓"，等等，这些都属于防御型价值观。

他们通过否定人类的种种价值观，从而否认自己没有价值。

自卑情结和优越情结

过剩的自卑感和优越感都来源于优越感依赖症。

优越感依赖症表现为，将追求优越感放在优先于一切的位置，自己也明白如果一直这样，是不可能感到幸福的，却又无法改变目前的思考习惯和生活方式。

想要生活得幸福，但却无法采取幸福的生活方式。这点与酒精依赖症的表现相同——尽管不再觉得喝酒有用，却怎么也戒不掉。

同样，有严重自卑感的人也无法停止追求虚假的优越感。

以幸福为目的是做事的必要标准，然而严重自卑的人缺乏这一认知。他们将治愈心理创伤置于优先地位，并且用错了方法。

事实上，通过做自己喜欢的事获得快乐，自卑感和憎恶感就自然会消失。然而，自卑感严重的人往往做不到这一点。

严重的自卑感致使"追求优越"优先于"做喜欢的事"。

如果能够消除严重的自卑感，就能够产生有生以来第一个出自真心的动机。拥有了与消除自卑感无关的动机，就会变得幸福。

但如果一直都无法摆脱严重的自卑感，自由的意志就无法发挥任何作用。

严重的自卑感使得追求优越感成了唯一的乐趣，这就好像严重的酒精依赖症一样。

在患上酒精依赖症以前，喝酒并非唯一的乐趣。但长期发展之后，变成了酒精依赖症。

一段时间过后，患有这两种依赖症的人都不再拥有生活的乐趣，只想要追求优越感以及喝酒。

正如阿尔弗雷德·阿德勒（Alfred Adler）所说，自卑感是难以忍受的，有严重自卑感的人都会积极寻求拯救自己的方法。哪怕方法一直不恰当，道路越走越偏——用优越感粉饰太平，他们也不会放弃。在这个过程中，其他的情感会逐渐被削弱，甚至消亡。[①]

换言之，如果具有严重的自卑感，人的其他情感就会被消磨。最终，驱使这个人的只剩自卑感。

无论人们如何祈求和平，有严重自卑感的人都总会率先发起战争。正因如此，尽管所有人都祈求和平，人类的历史依然是战争的历史。

如果想要拥有持久的和平，那么每个人都必须战胜自己的自卑感。然而，现实却是人们想要通过追求优越感来消除自卑感。这种生存方式明显是错误的。

个人也好，国家也罢，挑起战争的一方都是为了消除自卑感，从而获得报复性的胜利。

---

① 出自《孤独的面具》（*Masks of Loneliness*），马内斯·斯珀伯（Manes Sperber）著。

内心不安的人选择乐趣而非幸福

为什么自卑感会消磨掉一个人的其他情感？因为有自卑感的人在追求过剩的优越感的同时，也在寻求归属感。

"想要与他人顺利交流"，这一强烈的情感需求没有得到满足，所以才会去追求。在此情况下，其他情感就不被关注。

有严重自卑感的人，内心中存在矛盾的情感旋涡。在幸福与乐趣的选择中，他们会选择后者。

自卑的人最大的乐趣，就是优越于他人。

儿子就读于知名高中，成绩拔尖，进入青春期的他因为脸上长出了发红的青春痘，很烦恼。然而，母亲却没有注意到儿子脸上长了青春痘以及儿子的烦恼。

因为"儿子是知名高中的尖子生"这件事是母亲关注的重心，这一事实消除了母亲没有接受过良好教育的自卑感。

对具有严重自卑感的人来说，他人一目了然的事情，自己却完全没有察觉。

从这位母亲身上能够看出，自卑感凌驾于她对儿子的关注之上。希望儿子幸福的情感远远不能与之相比。

自己得到认可就会感受到乐趣，比他人优越是自己唯一的目的。相反，如果得不到认可就会丧失一切兴趣，失去生活的能量。

如果有严重的自卑感，内心就会被"追求过剩的优越感"所占据。这些人的情绪往往都不稳定，内心极度不安。

由此可见，有严重自卑感的人，他们的乐趣与人们所定义的幸福是完全不同的。

这位母亲因为儿子优异的成绩感到非常快乐，内心似乎也因此得到了治愈。但是，无论她觉得自己多么快乐，她都不会关注到其他人。

对于这位"快乐"的母亲而言，她的眼中没有其他人，孩子终究只是治愈她内心创伤的工具而已。

有严重自卑感的人在获得成功时会非常快乐，并且认为"我很幸福"。但是，事实上他们从没有体验过真正幸福的滋味，因为他们从未与人真诚地交流过。

很多有严重自卑感的人都拼命地努力过，并且在事业上也取得了优秀的成绩，但这并没有让他们如愿摆脱自卑。

最终在取得事业的成功后，他们却选择了放弃生命。这也说明，他们并不了解自卑感的心理机制。

无论外部条件如何变化，自卑感始终不变

一位公司职员因为没有走上社会精英的发展道路而感到自卑。那么，假如他出于自卑感而努力奋斗，最终成功地走上了精英发展道路，他就能自此摆脱自卑感了吗?

这就像是汽车没油熄火时，想要更换引擎。但即使更换了引擎，汽车也是没法发动的。

于是，有人就想办法要把车体换新。但是，我们都明白，即使把车体换新了，汽车也是依然无法发动的。

无论外部条件如何变化，自卑感始终不会变。因为自卑感属于心理问题，外部条件的改变不会对其产生影响。

这个问题就如同有酒精依赖症的人，即使知道喝酒不会带来任何改变，也做不到把酒戒掉。

明知道外部条件的变化不会使自卑感发生改变，严重自卑的人依然想要通过改变自己的外在以达到优越。他们即使知道自卑感是心理问题，也依然执着于改变自己的

外在。

之前提到了酒精依赖症与优越感依赖症是相同的。当然，不仅是酒精依赖症，其他的依赖症也是同样的。

如果非要找出二者的不同，就是优越感依赖症没有将解决心理问题寄托于酒精之上，而是寄托于外部活动之上。但外部活动只能够缓解优越感依赖症患者的紧张感。[1]

神经症患者的"超人"愿望

神经症式的自尊心就是优越情结。自卑情绪与优越情结是紧密相连、难以区分的。

面对社会地位比自己高的人就感到自卑，那必然在面对比自己社会地位低的人时感到优越。在自卑与优越两种情感的牵引下，自我认知变得更加模糊。

所谓自卑感，就是痛苦于没能获得自己觉得重要的人的关注，烦恼于如何才能获得他们的关注。为了获得他们的关注，不能容忍自己只是个"普通人"。

在他们的认知里，"普通人"是无法获得关注的，于是就开始了神经症式的努力，开始了以自卑情结为动机的

---

[1] 出自《神经症与人的成长》，卡伦·霍妮著。

努力。

怀揣着"不能只是个普通人，必须成为'伟大的超人'"这种想法，由此他们开始受到自卑情结和优越情结的折磨，为了得到爱与关注而努力追求"高大"的自我形象。

外部形象与现实中自我形象之间的矛盾，就成了折磨他们，让他们痛苦的原因。

他们的内心因自我轻视与"高大"的自我形象之间的矛盾而分裂。

优越情结归根结底是源于自卑情结的。

人之所以会有"超人"愿望，也是因为严重的自卑情结，以及在此基础上所产生的优越情结。

神经症患者的"超人"愿望，其根源是自我轻视。他们在潜意识中认为自己就应该被轻视，与此同时又认为自己必须成为与其他人不一样的"伟大的超人"。

因此，神经症患者在心理上时刻感到紧张与不安。他人不经意的话语和态度都会使他们的内心产生很大的动摇。这就是容易受伤的神经症式自尊心。

为什么不能是"普通人"

神经症患者无论如何都不能容忍自己只是个"普通人"。因为他们相信，只有成为"超人"，才能够让对方认可自己的价值，才能够获得对方的关注。

因为归属感的缺失，他们没有过"因为你就是你，所以你值得被爱"的体验。这种体验能够满足人的基本欲求，即满足归属感的需求。

普通人可以只是普通人。因为普通，所以更容易与他人亲近。即便是普通人也能够与他人交往，能够感觉到自己对对方而言是有价值的。

能够认可自己的存在价值，是因为从小时候起，真实的自己就得到了重要的人的关注，没有体验过因为自己只是"普通人"而得不到关注的经历，成长的环境中也没有过度干涉与漠不关心。

因为从小时候起，他们作为"普通人"就得到了关注，因此即使很普通也没有关系。

与此相反，有严重自卑感的人无论如何都不能容忍自己只是个"普通人"。

因为他们认为自己比"普通人"更没有价值，所以必须成为"超人"，或者给予对方特殊的利益才能够得到他人的关注。

在潜意识中轻视自己，但在表面上又必须成为"超人"，这种想法具有悲剧性。如果不时常给予对方特殊的利益就不能与之交往，这种想法也同样如此。

"我很痛苦！"这句话实际上是在呐喊"请让这个没有价值的我成为'超人'"。

神经症患者在过往的人生经历中有过痛苦的感受，即自己对于他人而言是没有价值的。正因如此，他们才会超乎寻常地希望能够成为"超人"。

视野的狭隘使自己痛苦

"对于自卑感带来的绝望，唯一的发泄口就是将自身价值偶像化、绝对化。"①商务人士的自卑感就是如此，他们"将劳动能力偶像化、绝对化"。

一旦产生自卑感或是优越感，就无法避免视野越来越

---

① 出自《神经症：理论与疗法》（*Theorie und Therapie der Neurosen*），维克多·埃米尔·弗兰克尔著。

狭隘。

有严重自卑感的人不清楚衡量事物的标准在哪里。他们的显著特征之一就是价值观变得扭曲，视野狭隘，痛苦加剧。

自卑感让他们错误地认为自己所欠缺的就是自身价值。

因为自己跑步慢，所以就给跑步快附加上过高的价值。

因为跑步慢而产生自卑感的人，他们会崇拜跑步快的人。这种崇拜感有时甚至会扩大至跑步这件事情之外，对对方的各方面都崇拜不已，进而盲目崇拜对方整个人。

换言之，"跑步快"在有严重自卑感的人眼中，不是可以拥有的众多价值之一，而是唯一的价值。

反之，他们会轻蔑跑步慢的人，认为他们没有任何价值。不论是在自我评价时，还是在评价他人时，他们都是用这种扭曲的价值观进行评价的。这也是出于对自卑感的恐惧。

除了跑步快或者慢之外，他们不承认存在的其他价值。如果一个人跑步快，即使这个人人品不好，他们也认为对方是个"优秀的人"，从而对对方产生敬畏心。

对于跑步慢的人，即使对方人品高贵，他们也认为对方应该受到轻蔑，更谈不上尊敬对方。

有的学生在考试时，一道题目答不上来就认为"自己考试会不及格"，于是在答题纸上写下"下学期我会努力的"。一道题不会做，其他题还没看到就认为自己也不可能会做。

在老师看来，这个学生只是在答题纸上写了些奇怪的东西，无关紧要，但他本人却来向老师道歉。

抑郁症患者也是如此。如果发现自己有某个缺点，就认为自己是个"没出息又差劲的人"。

他们过度放大了自己的缺点，以偏概全地对自己的整体进行评价。俯卧撑只能做几下，或者歌唱得不好，他们就会认为"我是个差劲的人"。

视野狭隘的人会被潜意识积累的情感所支配。自卑感严重的人会拿出其中之一来打击自己。

因此，视野变得开阔，对消除自卑感是有帮助的。

对物质极度贪婪的人会拿自己与他人做比较，因为"那家伙比我更富裕"而感到自卑。认为金钱并非一切的人，即使自己穷困潦倒也不会因此感到自卑。

自卑感严重的人，会在众多的价值选项中拿出一个来打击自己：体力、性格、头脑、家世、容貌等。他们根据自己的价值观选择其中一个来给予自己沉重打击。

他们为什么要打击自己呢？大概是因为他们憎恶自己吧!

自卑感是带有敌意的孤独感

承认自己的不足和有自卑感是完全不同的两件事。

一个人不擅长写文章，并不会造成自卑感。但是一个不擅长写文章的人经过努力成为著名作家后，如果他想要得到他人奉承的愿望没有实现，就会形成自卑感。

这个人如果没有感受到来自周围人的敌意和孤立，就不会拼命想要成为著名作家。

想要优越于他人的愿望越强烈，自卑感就越强。

想要优越于他人的愿望，其实大多都是因为幼儿期被关注的愿望没有实现，成年后

仍然想要得到母亲的关注。

自卑感严重的原因就在于，母亲的漠不关心或是不切实际的愿望无法实现，以及不能满足父母的期待。

其结果就是产生两种不正常的情况。

第一种，他们产生了一种奇妙的感觉，即不知道自己身在何方，对本该知道的事情感到十分茫然。

第二种，虽然他们知道自己的目的和所处的位置，但在潜意识当中却有着不一样的目的。并且，这个潜意识当中的目的才是他们内心真正的目的。

不受大家欢迎不会造成自卑感，想要受大家欢迎却做不到才会产生自卑感。

为什么希望受大家欢迎？因为幼儿期想得到母亲关注的愿望没有实现，或者成长过程中不切实际的期待不断落空。

得不到对方的爱不会造成自卑感。希望得到对方的爱，但误认为因为自己的某个缺点才不被对方所爱，才会产生自卑感。

贝兰·沃尔夫说，自卑的人身在敌方阵营之中。意思

就是，自卑的人压抑着自己的敌意，把自己的敌意外化到周围的世界当中。

人在产生自卑感的同时，内心也产生了矛盾。虽然权力和爱并非对立，但在追求权力、渴望爱的过程中，不被爱的人内心的支配欲和情感饥饿产生了矛盾。

因此，很多有严重自卑感的人，在获得巨大的成功后，会选择自杀。

自卑意识从敌意和孤立当中汲取营养，并发展为自卑感。所以，也可以把自卑感称为充满敌意的孤独感。

当自卑意识剥夺自我价值时，就产生了自卑感。换言之，当自我价值被剥夺时，自卑意识就变成了自卑感。也可以反向理解为，只要没有被剥夺自我价值就不会有自卑感。

自卑感与自我的关系

自卑感是在心理成长过程中没能确立自我的结果。**由于急于优越于他人，而没能踏踏实实地成长。**

他们在成长过程中，缺乏"按部就班"的生活。在小学阶段，或者中学阶段、高中阶段，他们由于缺少一段经历，导致某种情感需求没得到满足，在渴望和追求中长大成人。

自我调节功能就是控制自己情感的能力。**没有完成自我确立的人，无法做到自我调节，会被不满和憎恶感支配。**

自我的构成要素包括自发性、独立性、责任感、关心、爱的能力和兴趣等。

如果自我调节功能不完善，就会向过度的规范意识产生偏移，被敌意和憎恶感所支配，缺乏客观认知。

没有完成自我确立，就会因为一点小事而失去理性判断力。比如，投身于毁灭性的恋爱激情之中。

如果生活的目的在于治愈自卑感，就会缺乏自我构成要素中的自发性和独立性，仅仅想要优越于他人。

有严重自卑感的人，唯一的乐趣是"优越于他人"。他们缺乏对他人的情感和兴趣，也缺乏对所生活的世界的情感和兴趣。

第四章
Chapter 04

———

自责不能
解决问题

自责中隐藏的攻击性

首先，有必要对自责进行说明。"我就是个没出息的男人""反正我是做不到的"等，这些都属于自责。

这些话听上去像是在谦虚，但其实并非如此。说这些话的人，首先想通过这种自责的方式暂时逃避责任。

其次，他们想得到他人的同情。"反正我就是没出息""我什么都不会"，他们这么说是想听到对方说"没那回事""你太可怜了"。他们采用这种自责的方式间接地寻求对方的同情。

所谓暂时逃避责任，就是逃避马上采取

行动。他们用"我什么都不会"这类话语将逃避挑战的行为合理化。

因此，自责的人多数容易抑郁，而那些表情忧郁的人也同样是想要得到他人同情的人。

不论是责难他人还是自责，都是想要逃避改变。尽管只有通过改变才能够克服困难，但他们还是千方百计地想要逃避。

神经症患者是拒绝改变自己的人。

乖僻、嫉妒、任性都属于间接撒娇

说自己"反正我就是长得丑"，并为此别扭、乖僻的人，其实是在向他人进行言语报复。

他们因为自己的外貌产生自卑。虽然没有人抨击他们的外貌，但他们自己在与他人的对比中感到自卑。在自卑心理下，他们想要通过这样的话语报复别人，同时掩盖自己努力想变瘦变好看却做不到的事实。

他们通过自我放弃的语言"反正我就是长得丑，反正我就是很胖呀"，从而逃避改变。

但是，在说"我太胖了"的人当中，也有一些人其实很瘦。他们这么说是想让对方说"你身材苗条，很漂亮呀，我要是像你那么瘦就好了"等赞扬他们的话。

他们嘴上说着"我太胖了"，可心里却在催促对方"赶快说我好看呀"。

沉溺于"言语报复"这种情感的人，会对周围人释放出容易被察觉的敌意。

这点就像撒娇却得不到满足的人，会通过任性、闹别扭，试图改变对方对自己的态度。

闹别扭和任性本身，于他们而言没有任何价值，通过这种行为来向对方表达不满，才是他们觉得有价值的。这就是心理学中所说的"被动攻击"（passive aggressiveness）。

通过悲叹"我太胖了"，来寻求对方对自己的同情。这种悲叹的二次"利益"是无法估量的。因此，尽管周围的人苦口婆心地宽慰他们，他们也不会认可，而是继续悲叹自己太胖了。

乖僻、嫉妒、任性都是撒娇的间接表现，具有隐藏的攻击性。他们采用这种方式将自己的攻击性合理化。

因为无法进行正面攻击，才会有这三种间接表现。沉溺其中，就是采用被动的方式来进行攻击。

他们通过自责来寻求对方对自己的同情，要求对方反省并改变对自己的态度。这种做法即间接撒娇。

如果能够公开对对方进行责难、攻击，他们就不会沉溺于这种间接表现的形式以及不快的情感之中而无法自拔了。

自责的人拒绝成长

经常责备自己"我能力不够"的人，也是用虚伪的负罪感掩饰"我不行"的有自卑感的人。

如果下属对上司说"我能力不够"，上司采纳了这位下属的说法并大声地对大家说"喂，这家伙说自己能力不够"，那么结果会怎么样？

如果上司接着对这位下属说"从明天开始我让人替换你"，结果又会怎么样？

"我能力不够"并非真心话。这类人虽然嘴上说"我能力不够"，但其实心里是等待着对方说"没那回事，你非常优秀"。

说这句话的时候，他们也在心里埋怨他人。所以，他们在埋怨他人的同时，又寻求他人对自己的夸奖。

因为对方很强大，所以害怕被对方当面指责。既想获得对方的好感，又想要当一个好人，因此他们才会说"我能力不够"。

如果对常常责备自己"我能力不够"的人说"是的，你就是能力不够，你很有自知之明"，他们就会生气。

有些老年人也经常说"我剩下的日子不多了"。这些老年人其实是想让别人说"没有的事，你精神矍铄，可比和你同岁的某人强健多了"。

有一位畅销书作家，他嘴上总是说"我的书没人买"，其实他是想让别人说"没有的事，很多书店都有上架你的书呢"。

还有的人会说"我就是一无是处"，周围的人听到这种话会想"他要是不老发牢骚，还真是个挺好的人"。但是，他本人并不认为这是在发牢骚。

这些人一生都希望得到别人的夸奖。实际上，他们已经失去了生活的能量。他们并不知道"即使获得他人再多的夸奖也于事无补"，也没有意识到，除了自身的成长之外，别无其他生存之道。

他们拒绝自身的成长，总在为自己辩解，尽管嘴上说自己一无所知，心里却并不真的这么觉得。

根据阿德勒所说，说自己"我真是没出息"的人，对自己的这种说法感到自豪。更为复杂的是，这种自豪只是虚假的自豪，他们以自责的方式表达了自卑感。[①]

"我非常率直"，说这句话时的优越感，实际上是被隐藏的自卑感的表现。

理解他人话语中的真意很重要，理解自己所说的话语中的真意也非常重要。如此才能看懂自己，脱离困境。

为什么无法停止否定自我的生活方式

交流分析理论指出，有严重自卑感的人害怕发现自己的优点。因为当发现自己的优点时，就不得不终止自卑感带来的慢性的不快情感，以及停止试图改变他人对自己态度的"自我责备"。

发现自身优点能够改变自己错误的生活方式。

从消极被动转变为积极主动；从寄生虫转变为自给自

---

① 　出自《生活的科学》（*The Science of Living*），阿德勒著。

足的人；从出于受害者意识强调自身不幸，想要获取他人同情转变为与他人协作共赢；从利己主义者转变为有共同体情感的人……这些转变是巨大的。

一旦发现自己的优点，他们就不得不转变。比如从时常将"反正我就是胖"这句话挂在嘴边，转变为依靠自身力量积极达成自己设定的目标。

一贯自我否定的人，早已习惯了乖僻、任性、嫉妒此类扭曲的情感。他们失去了放下这些武器与他人交流的自信。

交流分析理论将自卑感产生的慢性且固有的不快情感称为"球拍"，并指出其中隐藏着改变他人的意图。

比如父母对孩子，上司对下属，老师对学生，他们并非付出努力去改变对方，而是试图通过不快的情感轻易地改变对方。

在我看来，这种情感是自己不能成为自身依靠的人所具有的情感。如果能够将自己的想法向他人坦诚表达，就不会沉溺于这种慢性的不快情感当中。

即使将自己合理化也还会有不满

在《人生问题咨询》节目中，有些咨询者如果没有得到自己想要的回答就会愤怒。他们想得到的回答是："你确实太倒霉了，你身边的那些人太过分了。我也会跟你一起向他们进行报复。"

他们如果撒娇说："你是在嘲笑我吗？你给我说清楚，反正我就是个傻瓜咯。"这种撒娇后面会转变为憎恶。

他们威胁道："我花这么长时间来咨询，就得到了这些没用的回答，我损失的时间你要怎么补偿？"在谈话过程中，最初的撒娇转变为受害者意识。

这类咨询者刚开始时是在向咨询师撒娇，就像对自己的母亲撒娇那样，最后却以受害者自居，威胁说"你要怎么补偿我的时间"。

如果他们一直没有意识到自己的自卑感，时间久了就会因此患上严重的神经症。

把自己放到受害者位置的行为，有点像一部分老年人"倚老卖老"的行为，这被称为自卑感征兆。[1]

乔治·温伯格认为所有的神经症患者内心都很压抑，而我认为所有的神经症患者都有严重的自卑感。

说自己"反正我就是个傻瓜咯"的人其实隐藏着敌意和攻击性，"反正"这个词就是隐藏起情绪的表现，同时也隐藏了想要优越于他人的愿望。

上文中我讲述的这类人，他们喜欢通过撒娇型的倾诉来寻求他人的同情和保护，他们在生活中也比一般人更爱撒娇。

然而，如果你看出问题出在他们身上，对他们说"并非你身边的人不通情达理，而是你的要求太过分了"，他

---

[1]　出自《如何才会幸福》，贝兰·沃尔夫著。

们就会大叫："我不顾颜面来咨询，你这是什么态度，你是魔鬼吗？"

想要撒娇却得不到回应，于是就转变为攻击。

实际上这类咨询者也曾对身边的人撒娇，但身边的人没有如他们所愿做出回应。于是他们把身边的人描述成"不通情达理的人"，并为此非常生气。

赌气的人不会尝试新事物

说"反正……"的人是有严重自卑感的人。比如，有的人会说"反正那种好东西是不会给我这样的人的"，这就是有严重自卑感的人。他们因为内心寂寞而撒娇。

如果他们认为以自己的能力"无论如何都得不到认可"，那么能够驱使他们的就只有内心的敌意和憎恶，又或者只有冲动。

说"反正……"的消极回避行为使自卑者的认知范围变得越发狭隘。[1]

"反正……"这种说法，就是在成长欲求与退行欲求的矛盾当中，将服从于退行欲求的自己合理化的一种解释。

---

[1] 出自《焦虑的意义》(*The Meaning of Anxiety*)，罗洛·梅(Rollo May)著。

无论怎样进行合理化，"反正……"这种扭曲的情感是无法解决现实问题的。服从于成长欲求能够解决问题，而服从于退行欲求尽管轻松却不能解决问题。嘴上说着"反正……"，实际上心里是在期待援助，然而并不能如愿。

总之，说"反正……"的人就是在撒娇，是不想做出改变。

当事情进展不顺利时，是用"反正……"的心态去应对，还是用"是因为什么变成这样的"的心态去应对，结果是天差地别的。

有些人每当不如意时，就武断认定："反正我是不会幸福的。"《反正我们只是异乡人》《反正我就是陪酒女郎》这类歌就很符合这种心境，它们把想要撒娇却没法撒娇的内心矛盾通过歌词表现了出来，以致它们在日本曾风靡一时。

"反正……"是撒娇者的赌气心理，赌气是撒娇者逃避改变的行为。

经常通过撒娇来逃避做某些事的人容易内心受伤，也害怕接受新的挑战。尽管他们服从于退行欲求，却依然得不到满足。

因为经常撒娇，所以习惯了逃避失败，也承受不了失败后内心会感到受伤，更害怕失败后自我价值受损，因而不愿意尝试新事物。

有严重自卑感的人在有可能失败的情况下，首先会说"反正一定不会成功的"，然后选择放弃。这句话使他们免于被评判自我价值。

即使想要邀约自己喜欢的人，但一想到"反正对方肯定不会答应的"，就放弃了邀约。他们就是出于这样的想法而放弃自身喜好，从而浪费了自己的潜能。

由于有严重自卑感的人总是选择心理上较为轻松的事物，所以时常会感到后悔。

撒娇、执拗以及害怕失败的心理是紧密相连的，有这些心理的人都是自卑者，他们对陌生的事物感到恐惧。

由于试图说服自己接受无所作为的自己，因而看不到出口。

情感扭曲的人由于并非为了实现自我而活着，因此他们在不知不觉中累积了很多不满。无论他们如何试图说服自己，自卑感这一心理问题都依然得不到解决。

无论说多少个"反正……"来将自己合理化，他们的心中都依然会留下不满。他们的能量总是得不到完全燃烧。

潜意识中并不认为"自己没出息"

有严重自卑感的人总是把"反正……"挂在嘴边的间接撒娇行为，其实是在把自卑感以扭曲的形式表现出来。

"反正我就是胖"，这种乖僻任性的说法其实是在责怪对方没让自己撒娇。"反正……"这个说法与嫉妒一样，都具有被动的攻击性。

他们把自己封闭在自己的世界中，使人生的活动范围变得狭隘，导致自己举步维艰。

他们没有认清现实中自己的位置，认知脱离了现实。

"反正我就是没出息"，这种说法是自卑的撒娇者自暴自弃的表现。

他们不是要放弃撒娇以获得成长，而是在撒娇的同时，试图摆出"反正……"的姿态来摆脱困境。

当他们说"反正我就是没出息"时，即便他们曾认真地想过"我是否有出息"这个问题，但在潜意识当中他们给自己的答案都是"我没出息"。

亚伯拉罕·哈罗德·马斯洛（Abraham Harold Maslow）说："研究表明，这种倾向只有在人格遭到威胁时才会表现出米。即当失败意味着安全感、自尊以及威严丧失时，便无法接受失败。"①

所谓"这种倾向"，即人格不稳定的人无法体面地接受失败。"体面"这个词的原文是 gracefully。

人格不稳定的人有时也能接受失败，但他们采用的方式却是上文描述的"撒娇式的自暴自弃"，比如他们会说"反正我就是没出息"之类的话。

这种乖僻任性的做法，并不代表他们认可和接纳"我就是没出息"。他们的内心极度希望得到他人的认可。因此只要给予他们认可，就能够促使他们行动起来向前看。

"反正……"同时也是优越感依赖症患者展示出的敌意。他们对自己所依赖的人抱有敌意，但又由于心理上依赖对方，所以无法直接表现出敌意。因为依赖，所以无法离开。

---

① 出自《动机与个性》（*Motivation and Personality*），亚伯拉罕·哈罗德·马斯洛著。

乖僻任性削弱自身的内在力量

有些人会敷衍了事地说"反正我就是头脑笨"。

相反，也有些人会更加努力地向周围的人展示"我头脑很聪明"，在扬言"我头脑很聪明"的同时为此而不断努力，甚至因此耗尽能量。

不论是说"反正我就是头脑笨"的人，还是说"我头脑很聪明"的人，都是无法正面解决自身严重自卑感的人。因为这两种方式都不是能够激发自身潜能的生活方式。

我遇到过的咨询案例里有这样的故事。

一个企业里，有两个具有相同天赋能力的销

售员：第一个能够充分发挥自身能力，大展拳脚；第二个却故步自封，无法前进。原因何在？

第一，第二个员工弄错了与上司之间的关系。他由于与情感扭曲的上司交往过深，受到了不良影响，从而抱有扭曲的价值观。

第二，同为销售员，第二个员工对工作中所遭遇的各种事实，都做出了错误的理解和反应。

哪怕是任何人都有可能遭遇的小小失败，他都会做出错误的反应："反正我顶多就是这个职位、这个工资了。"

尽管失败并非由个人能力不足所引起，他也会错误地解读为是因为个人能力不足。

尽管只是从树上跳下来，他却认为是从东京塔上跳下来；尽管只是淋了一点点雨，他却感觉自己全身湿透，像个落汤鸡。

他由此丧失自信，而一旦丧失自信就会失去行动的能力。

有些人说："反正我就是四体不勤的人，所以大家都不想和我交朋友。"这种乖僻任性的说法证明，他们内心并不承认自己是个四体不勤的人。

"我四体不勤，所以干不了这个，你来帮我干"，这种说法同样也证明了他们并不承认自己是个四体不勤的人。

如果承认，他们就会接受由此而产生的损失，就不会羡慕和嫉妒他人。他们希望得到对方的认可，听到对方说"你真的非常努力"。

"反正……"这种说法是以扭曲的形式表现出来的撒娇。之前也提到过，其中隐藏着敌意与攻击性。他们试图通过这种方式优越于对方。

说"反正……"的人，既不能直接撒娇，也不能直接表现攻击性。换言之，他们丧失了生活中最重要的直接交流的能力。

错误的态度致使心灵硬化

抑郁症患者会把"有可能失败的事情"解读为"反正都会失败"。

因为内心缺乏能量，"反正都会失败"的想法会让他们觉得比较轻松。

就像一位男士觉得"反正美女是不会看上我的"，出于这种乖僻的想法，他拒绝参加聚会。过去聚会失败的经历让他始终耿耿于怀。

因为害怕被拒绝，所以拒绝与他人交往。认为只要不与他人交往就不会被拒绝，也无须担心自己会受到伤害。

最后，"反正……"这种乖僻的想法迫使他们退缩到独自一人的世界里，并且自命不凡，仿佛自己的乖僻任性有多么了不得。

用卡伦·霍妮的话来说，这是"傲慢与孤立"，是采用过激言辞的神经症患者。用罗洛·梅的话来说，是不安的消极回避，[①] 即什么也没有解决。

不安的消极回避会导致丧失两种能力：自我发展的能力，以及保持自己与共同体社会之间相互关联的能力。[②]

"反正……"这种错误的态度持续的时间越长，内心就越僵硬。相反，态度越是坦率，内心就会越柔软。

内心僵硬会使人变得以自我为中心，即所谓的"傲慢与孤立"，从而丧失"保持自己与共同体社会之间相互关联的能力"。

---

① 出自《焦虑的意义》，罗洛·梅著。

② 出自《焦虑的意义》，罗洛·梅著。

因为"反正……"这种乖僻的态度，而选错了摆在眼前的道路。如果持续错下去，内心的僵硬程度也会持续加深，最终有可能成为恐怖分子。

贝兰·沃尔夫说，神经衰弱，是做出了草率的选择造成的。做出正确的选择是需要能量支撑的，需要直面自己内心的矛盾，并且克服它。

相比较而言，批判他人比直面自己内心的矛盾要简单得多。然而，批判他人只会削弱自身的内在力量。

将自己内心的想法当作外在发生的事情，我们称之为投射。

比如，尽管是自己对对方抱有敌意，却曲解为对方对自己抱有敌意，会找对方无理取闹。

投射而缺乏自我觉察的人的显著特征之一，就是经常无理取闹。"你是在指责我吗""反正我说不过你"等，这些都是他们无理取闹时常用到的言辞。

投射而缺乏自我觉察的人往往会让周围的人难以忍受。周围的人明明对他们毫无看法，既没有指责，也没有蔑视，更没有憎恶，但他们却无理取闹说"反正你就是在取笑我""反正你就是讨厌我""你为什么如此指责我"。

人的情绪一旦拧巴起来，就分不清自己真正喜欢什么、讨厌什么。

无理取闹的人身边很难存在真心实意的人。但是，如果他们愿意做出改变，尝试说"谢谢你""我也是这么想的"，也许他们的身边就会有一些不一样的人到来。

"虽然失败了，但是我曾经努力过"，如果能够这么说，就会有不一样的人出现。

潜能有待发挥

我曾经到过美国马萨诸塞州的监狱，与囚犯直接对话，调查囚犯的政治无力感。

"对于改善美国舆论，你觉得自己能起到的作用是极小还是很大？"对于这个提问，回答"很大"的人占 36.9%，回答"极小"的占人 57.1%。

回答"很大"的人中，贫民出身的人占 33.3%，中产阶级的占 40.4%，二者的差距没有很大。

这个数据的最重要之处是，居然有 33.3% 的贫民出身的监狱服刑者会认为"自己能够为改善美国的舆论起到很大作用"。

对于他们的政治有效感，我非常吃惊。

即便身处监狱，也不会产生"反正不论我做什么，政治都不会有所改变"的想法，失去人身自由带来的政治无力感丝毫没有干扰到他们。

我觉得正是由于这样的心态，才有了英国经济学家理查德·莱亚德（Richard Layard）所说的，在美国，收入处于最底层的人当中有 33% 的人，是非常幸福的。[1]

因为这种自我肯定感，尽管美国当时的贫富差距比日本更为严重，但在美国并不存在困扰很多日本人的所谓等级社会这类消极负面的说法。[2]

我们经常听到"胳膊拧不过大腿"这句话，这是认为自己的态度对结果没有任何影响的"处世之道"。

自我轻视的人对政治也抱有无力感。日本内阁经常变动，很多民众的想法就是"无论选谁，结果都一样"。这是因为他们的心里有无力感，认为自己的态度对结果不会产生影响。

---

① 出自《幸福的社会》（*Happiness*），理查德·莱亚德著。

② 出自《没人写过的美国人的深层心理》，加藤谛三著。

美国舆论调查公司盖洛普在 1982 年，针对家庭所得而并非个人所得的满足感进行了调查。调查结果表明，"相当满足"这个回答与被调查者的学历高低没有关联。

回答"相当满足"的人，在大学毕业的被调查者中占 48%，在高中毕业者中占 41%，在初中毕业者中占 41%，三者均是 40% 多的比例。

1982 年，美国正处于失业率上升、经济发展困难的时期。

"在个人生活方面是否满意？"对于这一提问，回答"满意"的人数占比在学历上也没有体现太大差距：在大学毕业者中占 85%，在高中毕业者中占 72%，在初中毕业者中占 70%。

依据调查结果推测：当事情进展不顺利的时候，这类人不会辩解"反正就是因为我没有学历"，并且对周围的人学历高低也不会过分关注。

学历高低这一事实并不是问题。问题在于对于这一事实人们如何解读，周围的人如何看待。[1]

---

[1] 出自《没人写过的美国人的深层心理》，加藤谛三著。

领悟失败方能看清前路

关于不说"反正……"的故事，当然要数著名的《安徒生童话》中的《丑小鸭》了。

在经历了一连串的绝望事件之后，遇到了白天鹅群的丑小鸭做出了决定。

"我要飞向他们，飞向那些高贵的鸟儿！可是他们会把我弄死的，因为我是这样丑，居然敢接近他们。不过这没什么关系！被他们杀死，要比被鸭子咬，被鸡群啄，被看管养鸡场的那个女人用脚踢，以及在冬天里受苦好得多！"

首先肯定自己的过去，然后接纳现在的自己，在自我肯定中产生能量。

所谓肯定自己的过去，并非"我就是被缺乏爱的父母养大的，所以我也一无是处"，而是"尽管有那样的父母，我依然成长得很好"，并且意识到"在这么糟糕的环境中长大的我，如今却生活得很好，我具有强大的力量"。

除此之外，还必须对自己抱有信赖感。

失败是成功之母。从失败中汲取经验，不在同样的地方跌倒两次，失败将会成为新的起点。

有严重自卑感的人会把"反正肯定会失败"作为起点。

但是，只有真正努力过后领悟到的失败，才会成为答案。领悟过失败之后才能看清前路，并由此出发。

抑郁症患者并不以失败为起点。他们把失败的自己看作没出息的人，并断定自己毫无价值。

当感觉到会因失败而被剥夺作为人的价值时，就会恐惧失败，即"绝望转移"。

心理健康的人不认为失败的自己没出息，而是把失败当作起点。抑郁症患者与心理健康的人之间的区别就在于此：并非失败的经历不同，而是对失败经历的解读不同。

行动对认识造成影响

很多人说，相同的经历、梦想、处境，以及相同的人生问题，对人们造成的影响是不同的。

"我们并非被事情所影响，而是被对事情的解读所影响。"[1] 做一件事时感觉有困难，人们就认为那件事很困难。然而，对事情困难程度的感受是因人而异的。

---

[1] 出自《这样和世界相处：现代自我心理学之父的十五堂生活自修课》（*Social Interest: A Challenge to Mankind*），阿德勒著。

事情究竟是如何影响人的呢？据阿德勒所说，其中至关重要的是人的共同体情感以及生活方式。[①]

当人受到某件事的影响时，会认为那件事对自己有影响力。然而，赋予那件事影响力的正是当事人的内心。

有的人面对困境能够不屈不挠，而有的人却容易受挫。有的人能够朝着自己的目标脚踏实地地努力，而有的人却连脚触地的努力都做不到。有的人能够开拓自己的人生，而有的人却只能无可奈何地走在由别人所决定的人生道路上。

乔治·温伯格也曾论述过"行动歪曲认知"。人们按照现实中既定的某种含义采取行动，这种行动会对认知造成影响。

人在采取利己主义行动时，也会变成利己主义者。在"反正你就是在取笑我"这种想法的驱使下采取行动，周围的世界也会朝那个方向变化。

乔治·温伯格说："一旦抛弃了固有的行为模式，思维方式将会发生改变。"

---

① 出自《这样和世界相处：现代自我心理学之父的十五堂生活自修课》，阿德勒著。

行动方式的改变，也会带来人际关系的改变。

每个人都具有巨大的潜能，有待发挥。但是，**发挥潜能的最大障碍就是自卑感和说"反正……"的间接撒娇。**

很多人都未发觉，"反正……"这种说法让我们失去了很多东西。

假如弄丢了一个月的工资，我们会为此意志消沉、唉声叹气，很多人还会想着"该怎么办啊"而夜不能寐。

然而，"反正……"这种说法，让我们失去的不只是一个月的工资，还有我们的未来。这是 10 年、20 年的工资都不能相提并论的。尽管如此，我们却毫无察觉。

心灵的发展是无限的

莫罕达斯·卡拉姆昌德·甘地（Mohandas Karamchand Gandhi）曾经这么说过自己："我是一个平凡人，而且我的能力还只在平均水平以下，但我并不自卑。"①

这是为什么呢？**这是因为他相信虽然智力的发展是有**

---

① 出自《大师的创造力》（*Creating Minds*），霍华德·加德纳（Howard Gardner）著。

限度的，但心灵的发展却是无限的。

甘地能够带领自己的国家走向民族独立，实现思想解放这一伟大的事业，或许有很多的原因。但我认为，在众多原因中他对"心"的信念，才是最重要的。

据说甘地曾经是个腼腆的人，这样的他完全有可能成为一个乖僻任性的人，很自然地说出"反正……"的话。

历史上为人类做出伟大贡献的人有很多。他们没有乖僻任性，没有揶揄讽刺地说"这种事毫无意义"进行自我防御，而是与自己的命运正面交锋。

实现伟业的人与不断给周围的人添麻烦的人，他们之间的区别不在于能力，而在于心态，在于他们内心是否具有无限发展、成长的信念。

为人类解放事业做出贡献的伟人，他们一定相信自己心灵的发展是无限的。

甘地的思想值得借鉴，马丁·路德·金（Martin Luther King, Jr）和纳尔逊·曼德拉（Nelson Mandela）都深受他的影响。

有些人说自己"无论如何都不能积极向前看"，整天都念叨着"反正我微不足道",而无休止地乖僻任性。这类人也可以试着了解甘地,效仿甘地。他虽然曾经是个瘦弱、孤独的孩子,①而且极为腼腆,还进过监狱、遭受过暴徒虐待,然而却成为出色的演讲者。

很多腼腆的人终其一生也未能发掘、发挥自己的潜能。

或许他们具有领导者的资质呢!不服从于专制统治而奋起反抗的甘地不就是很好的例子吗?我们可以学习他通过改变现有的生活来尝试挑战自己的极限。②

人们在说"反正……"时,就是放弃了发挥自身潜能的机会,也就是自我实现的机会。

总之,是通过各种方式锻炼自己的能力,还是说"反正……"放弃自己的人生,做出选择的终归是自己。

有的人经常说"我头脑笨""我太胖了",言外之意就是"所以我是不会幸福的"。这样说的人并不坦诚。他们不坦诚的性格导致"自己的脖子被勒住"。不论是头脑笨还是身体肥胖,都并非不幸的原因。

---

① 出自《大师的创造力》,霍华德·加德纳著。

② 出自《大师的创造力》,霍华德·加德纳著。

第五章
Chapter 05

————

从现在开始
改变人际关系也不迟

成为自己的主人

为什么不能对上司和同事直接说"不"？
为什么自卑感严重的人同时会有强烈的负罪
感？为什么内心会觉得生活处处艰辛、很
痛苦？

我们该如何解决上述这些问题呢？

如果不搞清楚这些问题，即便知道不能
与价值观扭曲的上司交往过深，也仍会去取
悦他们。

结果就是被上司和同事当作"好使唤的
人"，被利用和轻视。同时，又无法和诚实
可靠的上司或同事成为伙伴。

感到内心有难以克服的困难的人，要么

无精打采，要么惴惴不安、慌慌张张。他们都没办法成为自己的主人。

有的人整天忙忙碌碌，不停抱怨着"太累了，受不了了"。他们确实很忙，但在旁人看来，如果真的累成他们自己说的那样，还不如什么都不干。

仔细想来，他们之所以老是抱怨"太累了，受不了了"，是因为"抱怨"这个行为对于他们来说在心理上最为轻松。

他们在面对别人的要求时，内心是"我很忙，我不想干这件事"，但他们做不到直截了当地拒绝，相比较接受后身体上的辛苦，觉得当面拒绝的压力更大。

害怕破坏与对方的关系，使他们常常感到痛苦。拒绝对方的要求，违背对方的意愿，会让他们的内心产生负担。他们害怕这会导致关系破裂。

内心不安的人认为，哪怕身体上辛苦一些，也要回应对方的期待，获得对方的好感。他们害怕因为违背对方的意愿而给对方留下不好的印象。为了不造成这样的后果，他们认为即使身体上辛苦一些也没关系。

我也曾经有过这种时期，因为太忙而变得脾气古怪。在凌晨三四点回家，然后早晨七点出门，这种异常的作息状态持续了好几年。这是我在电台负责深夜直播的一段时间，节目凌晨三点结束，所以我回到家一般都要四点了。

现在想来，我当时也认为如果拒绝对方会招来憎恶，那么即使辛苦一点也要满足对方的要求。

但是，人如果不会拒绝，就会越来越害怕被他人憎恶。换言之，如果因为害怕被人憎恶，而只说"好"不说"不"，就会越来越害怕被他人憎恶。

不希望被他人憎恶，一直没办法拒绝，这种情况只会不断加重。

年轻时，也许不会被要求做太多工作，但也会有不得不说"不"的时候。虽然认为这不是自己应该做的事情，但无法拒绝同事的请求，因为害怕不被同事当作伙伴。由于屡屡勉为其难，内心便对伙伴产生了憎恶感。

由于害怕不被当作伙伴，勉为其难地做了一些事，又因为做了这些事而变得更加害怕不被当作伙伴。这犹如口渴时喝盐水，越喝越渴。

虽然说"不"的时候会感到有些尴尬，但在需要说的时候，还是直接把心里的感受说出来比较轻松。

告别说"不"的负罪感

要弄清自己内心难以克服的困难是什么，有必要问问自己：成为自己的主人是件坏事吗？不能成为自己的主人的人一定会有莫名的负罪感吗？

成为自己的主人并非坏事，而是应该高兴的事，但却由于自身情感的扭曲而产生了负罪感。

究其原因，是一直以来自己对周围人的不合理要求做出了回应，由此导致了情感的扭曲。

对周围的要求应该说"不"的时候，却说了"好"，顺从对方，让他们在无意识中发生情感扭曲。而且，一味屈从于对方的不合理要求，让他们变得更加无法拒绝对方。

他们越是屈从于不合理的要求，负罪感就越强烈。

莫名累积的负罪感就是这么来的。在这样的言行作用之下，内心逐渐建立起不能说"不"的行为规范。虽然，真实的内心声音就是"不"。

拒绝是本意，顺从是规范。选择遵从规范的人能感知到的，只有那个回应对方期待的自己。

由此，他们不停地受到负罪感的折磨。

其实，他们完全可以大声地对对方的不合理要求说"不"，可以不接受对方的不合理要求。

但是，人真是一种不可思议的生物。尽管是不情不愿地接受对方的要求，但在按照要求行动之后，会在潜意识中认为不能对对方的要求有所违背。

在按照对方要求行动之后，将对方的要求合理化，这就是人的心理活动。

乔治·温伯格认为"我们自身的行动决定了我们所看到的事物"，的确如此。"多次由于恐惧而屈从于'权威人士'后，我们终将会失去自信。"[1]

改变自己对他人言行的态度

有严重自卑感的人负罪感也很强烈，原因也在于此——即使对方的要求不合理，依然选择顺从。

对于自卑感严重的人而言，他人的评价非常重要。害怕被他人憎恶，所以会逞强；而被他人依赖时，又会自我膨胀。所以，有严重自卑感的人容易屈从于他人的要求。

---

[1]　出自《顺从的动物》（*The Pliant Animal*），乔治·温伯格著。

虽然真实的自己并不愿意顺从那些要求，但在按照对方要求行动之后，内心就会觉得顺从对方才是应该的。两种想法之间的矛盾冲突导致了负罪感。

有严重自卑感的人抱有不自然的使命感和异常激烈的伦理感也是出于这个原因。

对他人无伤大雅的行为加以严厉指责，将其当作自身内在矛盾的替罪羊。这让他们暂时摆脱了内心矛盾的痛苦。

指责他人的行为脱离常规，违背伦理，或者对与自己毫不相干的人加以评判、责备，只是为了使自己在心理上获得自我的认可，从内心的矛盾中解脱出来。

因此，自卑的人在言行上缺乏一贯性。他们在某些方面严厉指责他人的利己主义行为，但可能在另外一些方面又察觉不了卑鄙的狡猾者。

这是一个极度自卑的男性的案例。

这个男性在生活中若无其事地欺骗周围的人，甚至偷盗他人财物，还对养宠物的熟人大加指责。

"那家伙根本不顾虑他人""那种不道德的家伙不配活着"，他如此激烈的言辞简直令人吃惊。养宠物和他自己的偷盗行为相比，根本算不上恶事！

具有如此失衡的、非一贯性的"伦理感"的人正是有严重自卑感的人。**他们把批判他人当作摆脱内心矛盾的手段。**

由于严重的自卑感，很多人对"成为自己的主人"抱有莫名的负罪感。他们在不知不觉中总是屈服于内心难以克服的困难，由此而采取的行动使这种困难愈加难以克服。

成为自己的主人，做自己想做的事情，对他人不合理的要求说"不"，这些行为才是正确的。但是因为一直对他人的言行采取错误的回应方式，所以现在做这些正确的事情反倒有了负罪感。

因此，要成为自己的主人，必须纠正错误，采取恰当的行为。

例如，改变自己对上司和同事言行的回应方式，被要求做不愿意做的事情时试着说"不"，或者附加上"我希望你这样"此类自己能够接受的条件后再回应。

被恐惧所驱使的人是心理上的奴隶

人有两种欲求，即成长欲求和退行欲求。生病后被他人同情、重视的喜悦是退行欲求的满足。

有的人会奉承比自己强大的人以取悦对方，比如奉承自己的上司，以博取对方好感。

也有的人不为自己的人格受到尊重感到喜悦，而为自己能够满足上司的虚荣心而喜悦。这是害怕主人，把讨好主人作为人生价值的奴隶式的喜悦。

博取好感，取悦对方，以此获得存在感，通过这类行为获得的喜悦就是奴隶式的喜悦。

因为父母希望自己成为律师，所以为了博得父母的好感，抹杀自己对金融方面的兴趣而准备司法考试，这类人每天都生活在恐惧当中。

恐惧会抹杀人的个性，抹杀人的生存意志。但是人会因希望而动，也会因恐惧而动。

就像有的人因为人生梦想而努力，也有的人因为害怕被抛弃而努力。但自我实现的努力和被孤立的努力，带来的结果是完全不同的。

人类从出生开始就无法独自生活。

小的时候，自己还不能一个人生活，会因为母亲不在身边而恐惧、哭泣。

再长大点的时候，睡觉前，如果母亲不在身边也会睡不着，半夜醒来发现母亲不在身边就会哭泣。

到了少年时期，有些人认为在一些选择上可以按照自己的意愿来。尽管这样认为，但又只在父母允许的情况下才会感到安心。

也有些少年认为仍必须要按照父母的意愿来，如果不这样就不会被父母接纳。他们的行为被不被父母接纳的恐惧所束缚。

人们由于恐惧而产生的行为，会进一步加剧恐惧感。

少年被不受周围世界接纳的恐惧包裹着，恐惧感日复一日在心中加剧。到底怎样做才能被周围的世界接纳？他为此终日战战兢兢。

所以，他认为"那当然是做能够让周围人感到满意的事情"。如果周围的人希望他出人头地，那么他只能为此而努力。

从小时候起，就在不被接纳的恐惧中生活的人，除了成为"受人'爱戴'的奴隶"，别无生存之道。

"受人'爱戴'的奴隶"得不到尊重

为了被周围人接纳而取悦对方，这样的人是得不到周围人的尊重的。周围人对他们没有敬畏之心，只是因为认为他们很好驾驭所以常常利用他们罢了。

当成为"受人'爱戴'的奴隶"时，他们本人是察觉不到自己并没有受到尊重的。

虚荣心强的上司如果缺少了周围人的奉承，就会情绪低落。他们需要奉承自己的人，犹如生病了需要吃药一样。

作为一个人被爱着，与作为一种"特效药"被爱着是不一样的。有些人在情绪不稳定的时候会吃镇静剂，而有的人就像镇静剂一样被"爱"着。

虚荣心强的上司需要像镇静剂一样的下属。而欲求不满的上司想要讽刺世道不公时，身边也需要能够跟他们一起讽刺的人。有些下属就是在这种情况下被需要的。

当想要飞黄腾达却无法做到的上司说"飞黄腾达没什么大不了"的时候，需要下属附和"对啊，您说得太对了"。这些附和的下属就是在这种情况下被需要的。

"受人'爱戴'的奴隶"说的就是在这些情况下被需要的人。他们得不到尊重，假如起不到镇静剂的作用，就只能被抛弃。

在不被接纳的恐惧中生活，成为"受人'爱戴'的奴隶"，终有一天也会因为不再被需要而被抛弃。

然而，被抛弃其实是迈向幸福的第一步，这是他们作为独立个体出发的时候。之后的道路上，会有各种成长的喜悦等着他们。

所以，在被抛弃时必须知道，要按照自己的意志行动，相比作为"受人'爱戴'的奴隶"，按照他人意志行动，成为独立的自己才能得到他人的尊重。

此时，也会知道需要他们讨好的那些人是多么狡猾和卑鄙，知道自己至今为止为了迎合那些狡猾卑鄙的人而不能说"不"所做出的自我牺牲。

破坏不健康的关系是迈向幸福的第一步

如果不迈出第一步，万事都无从谈起。即便行动的最终结果是失败，这也是自己的财富。

想一百遍不如做一遍。**行动能够消除毫无根据的恐惧感，只有消除毫无根据的恐惧感才能迈向幸福。**

尝试着说"不"，定能意外地发现"即便说了'不'也不会破坏原有的关系"，同时也能发现此前的恐惧感是毫无根据的。

如果因为说了"不"而破坏了现有的人际关系，那么这种破坏就是迈向幸福的第一步。

维持现有的人际关系使自己变得不幸，压抑了内心的真实想法，使自己对生存感到恐惧，那为什么还要对此紧抓不放呢？为什么要付出巨大的努力，只是为了使自己变

得不幸？

因为不想被他人憎恶而没法拒绝的人，在断然说"不"之后就会发现，哪怕自己没有说，也不会得到他人的尊重。

正因为想得到他人的尊重才没能说"不"。然而，也正是因为没有说"不"而得不到他人的尊重。

狡猾的人不但不会尊重无法说"不"的人，反而认为他们是"好使唤的人"。结果是，不说"不"不但没有得到尊重，反而被轻视。

人们只会尊重能成为自己的主人的人。认为"做了自己想做的事情会被他人憎恶，或是被他人指责"，这种无中生有的恐惧只会带来痛苦。

出于恐惧的行动，得不到自己和他人的尊重，旁观者尽管表面和颜悦色，内心却充满蔑视。只有按照自己的意志行动，才可能受到人们发自内心的尊重。

不被狡猾之人利用

常常能听到"忠于自我"这句话。忠于自我意味着成为自己的主人。

因为胆小，不敢忠于自我，只说"好"的人，错误地认为说了"不"就会失去他人的尊重。

为了获得尊重需要说"好"，这是一种错觉。有这种错觉的人看不到周围人的内心，他们在说"好"的时候感觉自己获得了尊重，而周围人却看透了他们的内心。

狡猾之人对这种胆小软弱的人非常敏感。所以，胆小软弱的他们常常被拿来利用。

狡猾之人嘴上花言巧语奉承他们，心里却在嘲笑他们，就像软弱的下属会被狡猾的上司的花言巧语所蒙骗。

忠于自我能够让我们变得积极主动，并由此获得尊重。然而，内心恐惧的人却由于害怕与他人伤了和气，无法做到积极主动，所以一直得不到尊重。

如果因为没有勇气而一直只说"好"，那么可能永远也没法说"不"。**这是因为说了"不"才会有勇气，而并非有了勇气才说"不"。**

长大成人就意味着能够随机应变，并非任何时候都说"不"，也并非任何时候都说"好"。

比如，能够根据场合随机应变的销售员才称得上独当一面的、成熟的销售员。

问题的处理方式不应单一化，而是应该从多个角度来考虑。

成功会增加自信，尽管失败也是一种财富，但成功会造就成功。

尝试过之后有意外收获，由此拥有自信。怀揣着自信继续做，就会越做越好。

行动能产生自信，自信会促进行动。反之，缺乏自信，对他人的恐惧也随之产生。

生活方式是否违背了自我

《狮子和海豚》是出自《伊索寓言》的一篇故事。

狮子在海滩上游荡时，看见海豚跃出水面，便劝海豚与自己结为同盟。它说，海豚是海中动物之王，而它是陆地兽中之王，它们应该成为最好的朋友。

海豚答应了。不久，狮子和野牛展开了一场生死搏杀，它请求海豚助它一臂之力。海豚尽管想出海助战，却办不到。狮子为此指责海豚背信弃义。可是，海豚是大海里的动物，没有办法在陆地上行走，狮子却没有意识到这一点。

狮子在海滩上游荡也是有问题的，它应该生活在草原上。也就是说，它并没有像其他狮子一样生活。

每只狮子都有属于自己姿态的生活方式，只有做自己才会感到满足，而不是拘泥于自己是否是兽中之王。

在海滩上游荡的狮子感受到了自己能力的不合格，有了自卑感，这就是问题的根源。

如果采取违背自我的生活方式，即便获得了事业成功，也还是会质疑自己的能力，会产生自卑感。

如果通过脚踏实地的努力获得成功，就不会有任何自卑感。因为既没有诓骗他人，也没有进行不正当交易，更没有通过非法手段获取利益。

怎么理解潜意识中的自卑感？这就像是在生活中使用了虚假姓名，尽管并没有以此做坏事，却还是有愧疚感。

自卑者还会有自我怀疑的心理，认为虚假的那个人是真实的，而自己却是虚假的。

这样的人并非背叛了他人，而是背叛了自己。由于背叛了自己，一切事物都变得虚无缥缈。

"我喜欢这个东西""我想做这件事""我不想要这样的

生活方式""我讨厌那个人"等，这些实实在在的想法都不复存在。

自我违背的产物就是阿德勒所说的否定型人格，这类人异常敏感，容易焦虑。

他们在生活中会比别人更容易感到痛苦，对他人的言行反应过度，动不动就陷入焦虑，这导致他们很难快乐地生活。

否定型人格形成的根本原因在于他们的生活方式违背了自我。

在人际关系中缺乏自信的人，对于他人的要求，即使不乐意也无法坦言。因为在潜意识中无法肯定自己，所以不能积极地说"不"。

结果却是，违背自我，不仅得不到他人的好评，还会失去内在核心力，被他人轻视无法抗议，被他人冒犯也只能沉默。

卡伦·霍妮说，自我轻视的人对傲慢的人毫无防备。的确如此。这类人对他人提出的过分要求无法拒绝，被要求做自己不乐意的事情依然笑脸相迎。

从社会层面来说，违背自我的人对他人来说是好人，但对他们自己而言是吃亏的。他们的吃亏使狡猾的人坐享其成。

　　因为缺乏自信，他们放任狡猾的人利用自己，从自己身上榨取利益。

对优越感的追求是永无止境的

　　有严重自卑感的人热衷于追求优越感。

　　他们由于无法违背别人的意愿和要求，只能言听计从。因此，为了实现内心的自我保护，他们要求自己必须达到事业上的优越。

　　美国作家阿尔菲·科恩（Alfie Kohn）的著作《不要竞争：反对竞争的案例》（*No Contest: The Case Against Competition*）当中有如下叙述：想要优越于他人的愿望，是对自己能力局限感的补偿。

　　违背自我意愿的结果就是自我轻视，自我轻视衍生出追求优越感的愿望。所以，可以说想要优越于他人的愿望就意味着自我轻视和自卑感。

自卑感会激发竞争意识。

有时候，竞争意识以完美主义思想的形式表现出来。所以，部分完美主义者具有严重的自卑感。

想要取胜的竞争意识也会带来沉重的压力。

如果更进一步地诠释有严重自卑感的人喜欢追求完美，那可以说他们是在追求优胜。**完美意味着他们最渴望达到的目标，取得优胜是他们想证明自己的价值。**

他们深信，如果无法取得优胜，自己本身缺乏价值的事实将被公之于众，失败就会证明他们的平庸。

自卑的人希望被关注、获得报酬、得到认可的愿望是永无止境的，这就像是"往漏斗里装水"。[1]

顺利地完成某件事与比他人更好地完成某件事，二者的心理是完全不同的。"比他人更好地完成"，这是神经症患者的野心，并非为了实现自我而做出的努力。

"想要比他人做得更好，与单纯地想要做好某件事也是完全不同的。"[2]

---

[1] 出自《不要竞争：反对竞争的案例》，阿尔菲·科恩著。

[2] 出自《不要竞争：反对竞争的案例》，阿尔菲·科恩著。

当你意识到自己把生活的重心完全放在如何优越于他人之上时，必须要反省一下现在的自己是否作为真实的自己生活着，是否感到幸福。

隐藏事实会加深伤痛

与德摩斯梯尼一样，我们也经常对事实进行错误的解读。而且一旦进行了错误的解读，这个错误造成的影响会变得越来越大。

对某件事进行了错误的解读之后，我们就想要隐藏这件事。结果就导致伤痛越来越深。

我在高中二年级的时候，认为学习能力非常重要。而且我认为短时间的学习就能取得很好的成果，是一种非常出色的能力。

尽管理性的我告诉自己不要以此来自我评判，但感性的我仍旧非常羡慕以及渴望拥有这样的能力。

当我面对只需稍加学习就能取得好成绩的朋友时，我会感到自卑。可能不仅我一个人有过这样的想法，绝大多数高中学生都曾和我一样，羡慕那些一直都在玩，但一考试就能取得好成绩的同龄人。

高中时期的我对缺乏这种能力的自己唉声叹气，内心非常想让朋友看到我也拥有这种能力。

于是，我想要隐藏自身能力欠缺的事实，在学习时给别人呈现自己边玩边学的假象，到了玩的时候又极力地想让别人看到。

但人的内心感受终归是诚实的，可能骗得了别人，却骗不了自己。

不论怎样在别人面前展示自己一直在玩，自己却很清楚自己不具备"随便看看书就能考高分"的能力。

而且，越是想要隐藏自己能力的不足，这种能力在心中的分量就越重，变得越有价值。

如果不刻意隐藏，也许就不会形成如此认知。在隐藏自己的能力不足之时，会认为自己是没有价值的人。**隐藏的行为把本来无关紧要的事情变成极为重要的事情。**

我曾经想要隐藏自己应试能力的不足，但由此我变得自卑，认为自己没有价值。在那段时间里，我因为自卑感而痛苦。

　　突然有一天，我的情绪变得平和，于是给朋友写了一封信。我对朋友说，我虽然整天都在学习，但学习成绩仍然不如你，你比我玩的时间长，但成绩却比我好，我为此感到自卑。

　　向朋友坦白了自己的想法之后，我的心情一下子变得轻松了。更为重要的是，此前我最为看重的应试能力，现在在我的心中只不过是众多重要能力中的一种。

　　通过写信把自己真实的想法告诉朋友，我能够对曾经过度评价的能力进行恰当评价，也缓和了没有必要的自卑感。

　　但是，假如因为某种原因没有寄出那封信，我会把应试能力看得越来越重要，自卑感也会越来越严重。对自己能力不足的隐藏，使我错误地认为应试能力能够决定我整个人生的价值。

隐藏真实的自己会带来痛苦

这是我在咨询工作中遇到的一个案例。一个姑娘恋爱后，突然开始在意自己的父母是意大利人，而此前她对此是毫不在意的。

因为她的家庭成员中有人是非常重视家庭出身的。于是，这个姑娘向恋人隐瞒了自己的父母是意大利人的事实，并尽量避开有关父母的话题。

幸好父母住在很远的地方，恋人也没有机会见到她的父母。但是，由于隐瞒了这件事，她越发觉得这件事很重要。

她甚至开始觉得"父母是意大利人"成了她的缺点，成了她恋爱的障碍。

她总是提心吊胆，生怕暴露，甚至开始留意朋友是否向自己的恋人提到这件事。

隐瞒父母是意大利人，也加强了她对自己缺乏价值的认知。

每个人内心都有不希望被他人触碰的地方，没有必要将所有事情都暴露出来。但是，**故意隐藏会使人的性格和价值观发生扭曲。**

关于上文我提到的高中时期给朋友写信的事，朋友的回信让我非常吃惊。他回信中的内容居然跟我写的大体相同。就像我害怕被朋友轻视一样，我眼中"不怎么学习就能考得很好"的朋友也害怕被我轻视。

隐藏事实所产生的第一个结果是，会认为所隐藏的那件事具有过高的价值。第二个结果是会产生误解。就比如写信这件事情，我自己肆意做判断，认为朋友知道自己缺乏应试能力之后会远离自己。

刚刚提到的那位谈恋爱的姑娘也一样，隐藏自己的父母是意大利人的事实，就是因为她肆意判断如果事情被恋人知道后，自己会被恋人抛弃。

正因为隐藏了父母是意大利人的事实，她才会觉得父母成了自己恋爱的障碍。

假设那位姑娘没有隐藏自己父母是意大利人的事实，坦白告诉了恋人，哪怕结果是分手，都并不意味着这就是件坏事。

这是因为，与其要一辈子隐藏真实的自己，不如忍受一时的痛苦，而后选择与真正适合自己的人共度一生，这样会更加幸福。

对亲近的人隐藏真实的自己，这是一种不幸。只有面对现实，做真实的自己才会感受到幸福。

错误的解读破坏人际关系

这位姑娘向恋人说了自己父母是意大利人的事情之后，还有另外一种可能性，就是恋人没有任何想法。

也许她的恋人会说"那又怎么了？"，如果是这样，那么这位姑娘就是错误解读了他们之间恋爱的障碍。

周围人对她父母是意大利人的事情没有任何想法，而她却觉得"大家会因此轻视我"。

类似这种的情况有很多。有些销售员，尽管周围人对他们没有任何看法，但他们却觉得"反正你就是在取笑我""我知道的，你根本没把我放在眼里"等，因此使自己受伤害。

如此一来，周围的人就束手无策了。因为问题并不在于周围人采取怎样的行为，而在于当事人对他人的行为肆意解读。

有些女性会说"反正大家都不喜欢我"，实际上越是这么说的女性越希望被他人喜欢。但是她们这样的言行反而破坏了人际关系。

我曾经有过自卑感，如果没有给朋友写信，结果会怎么样呢？也许我也会肆意做出判断："他要是知道了我缺乏能力，一定会轻视我的。"

我也许还会由于难以忍受内心的不安，而开始攻击自己的朋友："他以为自己有点能力就沾沾自喜了。""他以为他能考上某某大学就开始骄傲自大了。"我也有可能会跟其他朋友一起说这位朋友的坏话，通过叱责这位朋友来抚慰自己的内心。

我或许还会对那位朋友说的话断章取义，指责他"你就是个能力至上主义者""肮脏""度量小"等。

即使这位朋友只是单纯地谈论高中班主任，说"那个老师是某某大学毕业的"，我也许就会抬杠说："反正你也认为自己会考上某某大学咯。"

自卑感越严重，越容易因为他人不经意的话语受到伤害。如果我那样做的话，朋友一定会讨厌我，我们之间的关系也会因此破裂。

实际上，那位隐藏父母是意大利人的姑娘，每当谈论到国籍问题时都会过度指责恋人，这导致他们的恋爱关系最终破裂。

隐藏是破坏关系的第一步。

解铃还须系铃人

因为他人的话语而感到受伤时，千万不要一味觉得是他人伤害了自己，伤害自己的往往是自己内心的自卑感。

因为自卑感，所以内心对他人的话语产生了反应。如果没有自卑感，自己甚至可能不会留意到那些话。

因此，当因为受到伤害而痛苦时，要知道只有自己才能解决痛苦。

是自己伤害了自己，是自己在嘲笑自己。解决痛苦的唯一办法，就是消除自卑感。

有严重自卑感的人，无论走到哪里都烦恼缠身。对于这类人而言，诽谤和中伤是"解决烦恼"最简单的方法。

诽谤能够把对方拉到自己的水平线上，这比使自己上升到对方的高度简单得多。因此，我们从小时候起就拥有责难周围人的本能。

孩子们说父母"你落伍了"的画面时常在电视剧当中出现。也有很多孩子对母亲的叮嘱置之不理，还说："妈，时代不同了。"

读了美国心理学的书才知道，原来这种情况在美国也很常见。不论是东方还是西方，像这样责难父母的情况有很多。那么，为什么会如此责难父母呢？

或许是因为孩子想要得到父母更多的认可。很多情况下孩子只是因为父母没有给予自己所希望的认可而感到生气，于是对父母说"你落伍了"。

换言之，用"你落伍了"来责难长辈，其实是因为想得到长辈更多的认可。这也是欲求不满的心理下产生的把对方往下拉的思想。

因为欲求不满而责难他人

责难他人分两种情况：真的对对方感到生气而责难对方，以及只是因为自己欲求不满而责难对方。

不仅是年轻时，上了年纪以后也一样。有些上了年纪的女性会过度地看重年轻的价值。

假设一个上了年纪的女性与其他年轻女性在聚会中相遇，她会贬低那位年轻女性的穿着："低级趣味""花里胡哨""品位低"等。当然，她不会当着那位年轻女性的面责难，而是事后对着自己的朋友说。

如果自己的丈夫跟那位女性攀谈，那就更糟糕了。回家之后她一定会对丈夫大加指责说："你对那些女人色眯眯的。""你真是肮脏。""你就像个花心大萝卜。"

她责难丈夫完全是出于自己扭曲的价值观，而并非因为觉得对方做错了事情。

这个上了年纪的女性肆意给年轻附加了超出事实的价值，并且因为自己不再年轻而感到不安。她为感到自己价值缺失而烦恼，从而责难他人。

不仅如此，她还要把被自己肆意判断为有价值的对方往下拉。

有一个销售员，他动不动就指责他人"无知""没教养"。最终这个销售员患上了神经症。

为什么动不动就指责、轻视他人"不学无术""连这个都不知道"？因为在他看来，只有知识丰富才能够得到他人的尊重和接纳。

他想要得到他人更多的尊重。而且他从小时候起就在不断被督促学习的环境中成长，他相信只有学习好才能够被周围人温情以待。

他的父母也许和他拥有相同的价值观。但那是他父母的价值观，并非现在他周围人的价值观。

通过他的故事，我们有必要反思一下，自己小的时候和父母是如何相处的。

这个销售员深信得到周围人的尊重和接纳的唯一条件，就是拥有渊博的知识。出于这种信念，他不断为自己的知识是否足够感到不安。

他通过指责他人无知，来消除自己的不安。然而，**出于不安而责难他人，只会使自己的不安进一步加剧**。指责他人无知，只会让自己对自己的知识量感到更为不安，最后，从一个容易不安的人变为一个神经症患者。

责难他人的人是被动的人

前文提到的这些人的错误是极其简单的，仅仅是因为他们错误解读了被周围人温情以待的条件。

女性的价值并非只有年轻，男性的价值也并非就是知识量。他们只是在某一时期没有弄清这一点，并在错误的行动中形成了错误的认知。而且在责难他人时，他们的不安进一步加剧。

想要责难他人时，让自己停下来，反思自己想责难对方的真正动机是什么。

如果责难他人是想要证明自己的优秀，那么这样的人也许已经开始向神经症靠近。

责难他人能够得到什么呢？得到的只是错失成为更好的自己的机会。

如果现在的自己过得幸福倒还说得过去，否则就是错过了使不幸的自己变得幸福的机会。

为了保护自己而责难他人的人是被动的人。

用之前的例子来说，那个上了年纪的女性在某次聚会上与年轻的女性相遇，这是客观事实。但是她因为自己的主观性解读，做出用言语攻击年轻女性的举动。

让她不愉快的并非那位年轻的女性，而是她对自身年龄的自卑感。

自卑感带来了严重的被动性，这从她被一个单纯的事实严重影响便可以得知。这样的女性只要跟其他年轻的女性待在一起就会感到不愉快。

自信的缺失，会针对某个特定事实自动引发特定的反应。

166

心理韧性是一种技能

如何才能做到冷静处理事情?

卡尔·邱尔（Karl Kuehl）有 50 年的棒球执教经验，他提出的精神训练法得到了广泛认可。

在《心理韧性：一个冠军的精神状态》（*Mental Toughness: A Champion's State of Mind*）一书中，他详细介绍了什么是意志坚定，对于棒球运动员而言意志坚定的重要性，以及如何才能做到意志坚定。

书中第五章"有关冷静"写道"优秀的职业棒球选手能够在危急时刻保持冷静"，第九章写道"意志坚定对于达成目标来说必不可少，这同样适用于球场外的人生"。

2002 年，洛杉矶安那罕天使球队总教练麦克·梭夏（Mike Scioscia）不停地对开场失利的队员说"大家都很棒，要相信自己，发起进攻"，最终安那罕天使队闯进了季后赛。

拥有自信的安那罕天使队战胜了危机，自信使他们冷静。

过度自信以及错误的自信会成为前进道路上的绊脚石，恰当的自信才是人生的巨大财富。

人生也存在各种考验，棒球选手在危急时刻的表现就是一种提示。如果具备了获得成功的自信，在危急时刻就能够冷静处之。[①]

自信，是冷静处理事情必不可少的条件。但自信并非一朝一夕就能拥有的，它需要日复一日毫不掩饰的生活来造就。

著名高尔夫球手泰格·伍兹（Tiger Woods）和"篮球之神"迈克尔·乔丹（Michael Jordan）等，都是在日复一日的钻研中取得令人瞩目的成就的。

---

① 出自《心理韧性：一个冠军的精神状态》，卡尔·邱尔著。

举一个对诽谤中伤冷静处之的例子。

1999 年波士顿红袜队的佩德洛·马丁尼兹（Pedro Martinez）在比赛热身时，遭到了对手克里夫兰印第安人队球迷严重的种族歧视和人身攻击。克里夫兰印第安人队的球迷对他说："滚回你的国家去，你不是这个国家的人。"

尽管如此，马丁尼兹还是保持住了冷静，上场前的嘲讽并没有影响到他在比赛中的发挥，最终他成了获胜投手。

马丁尼兹把对方球迷的语言攻击在心里过滤掉，没有感情用事，而是专注于比赛。

日常生活中也会有许多需要我们像运动员一样保持专注、过滤干扰的时刻。马丁尼兹在球场上遭受嘲讽，我们在日常生活中也可能会遇到这种情况。

被提出无理要求，被轻视、欺骗、取笑，甚至是被责难、辱骂、虐待等，面对这些情况时，我们要像马丁尼兹那样专注于眼下自己应该做的事情。把眼下的工作做好就是对对方最好的回复。

控制内心不为攻击所动摇，将情感力量转化为生产能量。

不满、懊恼、憎恶都能升华

需要心理韧性的不只有运动员，我们普通人在日常生活中也需要。

具备心理韧性，能够将情感力量转化为生产能量。若能将无特定对象的憎恶转化为生产能量，就能完成更多有意义的工作。

也许有的人会认为自己是不具备心理韧性的，但成功培养出多名棒球运动员的卡尔·邱尔教练在自己书中说过，心理韧性并非天生的，不是上天赋予的。它是一种技能，是通过学习、发展获得的。[①]

只要愿意，谁都可以具备心理韧性。你缺少的只是训练自己使用自身能力的过程。

训练自己将懊恼的情感转化为工作的能量。每当感到懊恼的时候，就告诉自己"我一定可以把这种情绪转化为工作的能量"。

心理韧性虽然并非一朝一夕就能拥有的，但只要每天都为之努力，不久之后你就能感觉到自己已经具备一些心理韧性了。

---

① 出自《心理韧性：一个冠军的精神状态》，卡尔·邱尔著。

如果憎恶无法发泄而郁积在心里，有的人可能会因无法忍受而自杀，或者去伤害别人，即使没到那种程度，也会因为抑郁而痛苦。

对待攻击，既不用默默忍受，也不用猛烈回击，而可以将它升华。不让憎恶郁积在心里，专注于工作、绘画、跑步和学习等。

不要忘记卡尔·邱尔所说的话：心理韧性并非上天赋予的，而是通过学习、发展获得的。

同时，**心理韧性也并非只有运动员需要，只适用于运动场，我们每个人在日常生活中都需要它。**

不满、懊恼和憎恶都是可以利用的能量。将未利用的能量进行有效利用，就能带来巨大的充实感。

能以冷静的态度处理事情的人，才是真正温柔、坚强且伟大的人。但冷静处事的能力并非走精英发展道路就能具备，而是在日复一日不加遮掩、坦然面对自我的生活中培养出来的。

第六章
Chapter 06

修正生活的目的
就是自我实现

如何解读不被父母接纳的经历

那是一个下雨天，他和母亲还有弟弟一起去市场。那是母亲第一次将他抱起，但当母亲发现他是哥哥后又把他放下，转而抱起了弟弟。他只能小跑跟着。

这段记忆把他的一生变成了悲剧。无论是工作、恋爱还是交朋友，他都觉得别人比自己受欢迎。在聚会上他总是下意识地寻找比自己还不受欢迎的人。①

最后他因感到恐惧而没有结婚。"研究者们发现，严重的依赖需求缺失，与使用恫

---

① 出自《司法科学学会杂志》（*Journal of the Forensic Science Society*）。

吓方式说要把孩子抛弃，或者把'放弃对孩子的爱'作为管教手段的父母之间有着因果关系。"①

换言之，严重的依赖需求缺失是因为缺乏归属感。因为造成自卑感的原因之一是缺乏归属感，所以更进一步说，依赖需求与自卑感相关联。

如果把依赖需求与归属感的缺失结合起来考虑，可以发现有自卑感的人有不被依赖对象接纳的感觉。

无论如何都想要得到对方的认可，想让对方接纳真实的自己，但是真实的自己却得不到接纳。于是，为了得到对方的接纳，他们认为"一定要变成那样"，但是"现实中的自己并不是那个样子"。这就是自卑感产生的原因。

依赖需求与归属感，虽然说法不同，但是实质内容是相同的。

"表现出过度依赖需求的少年们，显示出了很强的自卑感，同时还有明显的'极度恐惧'。"② 这与卡伦·霍妮所说的"归属感的缺失导致自卑感"如出一辙。

不被父母接纳的孩子，将自己不被爱的经历解读为

---

① 出自《依恋理论》（*Attachment and Loss*），约翰·鲍比（John Bowlby）著。

② 出自《依恋理论》，约翰·鲍比著。

"并不是父母缺乏爱的能力，而是自己没出息"。

因不稳定性依恋而烦恼

据调查，在日本患有依赖症的少年人数是没有依赖症的少年人数的两倍，这些少年均不被父母接纳，而且至少有 56% 的少年经常被拿来与自己的兄弟姐妹进行比较。[①]

换言之，患有依赖症的少年是在缺乏归属感的环境中成长的。

不被父母接纳的少年与被父母接纳的少年，他们的成长环境是完全不同的。这导致，尽管父母说了相同的话，他们领悟到的意思却完全不同。

比如，在西餐厅用餐时，父母说"太多了""真是奢侈"，在不被接纳的环境中成长的少年会觉得"自己被责备了"，父母是在说自己狂妄自大。

而在被接纳的环境中成长的少年听了这些话会感到高兴，他们觉得父母是在赞扬自己"太好了"。

有严重自卑感的人会对周围世界发生的事进行曲解，自己勒住了自己的脖子。

---

① 出自《依恋理论》，约翰·鲍比著。

被父母抛弃，这会导致极严重的归属感缺失。

但并非所有被父母抛弃的人都会因为归属感的缺失而痛苦，有的人通过变换解读方式的典范转移方法将之克服。

在电台栏目《人生问题咨询》的录制中，作为主持人的我负责对咨询者的咨询内容进行整理，并将答复交给回答辅助员。

我曾遇到一个这样的咨询者。他在小的时候被父母抛弃，由此无法信任别人。他的第一次婚姻失败了，尽管后来又谈了恋爱，但也不顺利。对方对他说"感觉你心思太重"。痛苦的事情总是接二连三，他的内心几乎崩溃。

这位咨询者在恋爱时会不由自主地想到"这个人也会离我而去的"，从而感到不安。按照精神分析理论来看，这种心理可以用约翰·鲍比所说的"不稳定性依恋"这一概念进行说明。如果感到"这个人也会离我而去的"，就会紧抓住对方不放。

当时的回答辅助员也曾有过小时候被父母抛弃的经历，但是他现在人际关系和谐，精力充沛，学习欲望也很强，还旁听了我在大学里主讲的两门课程。

因为回答辅助员的经历和这位咨询者相同，所以这位咨询者诚恳地倾听并虚心接受了回答辅助员的建议。

辅助员的建议包含两个要点：

第一，要做到"相信对方就要为对方付出"。有严重自卑感的人希望自己被爱、被夸奖，但缺乏去爱对方的自主性、能动性和积极性。他们是被动的、有依赖需求的，只顾向对方索取，从不为对方付出。

第二，对现在遇到的人，要真正地认识到"这个人与我过去遇到的人不同"。认为"这个人也跟我之前遇到的人一样会离我而去"，这种想法是对对方的冒犯。

这位辅助员以前曾对我说："老师，这个人生活在这么好的环境中，为什么还这么苦恼？我觉得自己运气很好。因为人一生中要经历的苦难，我在小时候就已经经历过了。"

由于篇幅的关系我不能写太多关于这位辅助员的故事，但我可以告诉你们，他经历的苦难是超乎想象的。

人的命运各不相同。当坦然面对自己的命运时，前方的道路才能通畅。

我在十几岁的时候，非常喜欢读尼采的书，所以至今都记得"去爱自己的命运"这句话当时带给我的触动。

自卑者因孤立感而痛苦

导致自卑感的原因在于归属感的缺失，也在于情感饥饿。

我翻译过美国精神科医生乔治·温伯格所著的书。[1] 书中写了一位名叫奈利的女孩的故事。

奈利自从有了弟弟之后，父母就疏忽了对她的关心，她为此感到苦恼。为了重新得到父母的关注，她主动帮忙做家务，摆盘子，扔垃圾，还照顾蹒跚学步的弟弟。她的努力终于奏效，父亲又冲她微笑了。

自此，面对苦恼的事情她会反复尝试，

---

① 指乔治·温伯格的《自我创造的原则》。

不停地寻找能够得到自己想要的东西的方法。

当奈利的目的是得到父母充满爱的关注时，她为此做出的尝试和努力会让这种欲望变得更加强烈。

但是，如果更为严肃地来看待这个事实就会发现，她为了达到目的，把"只能顺从、听使唤、成为有用的人"这样的信念在心中不断加固。

当她成年之后离开家时，这种信念的危害就开始体现出来了。

当她遇到喜欢的年轻男性时，她会首先设法找出伺候这位男性的方式。如果这位男性稍微透露出想一起吃晚饭的想法，她就会马上邀请他到自己家里，做饭给他吃。发现对方的扣子松了，她就赶忙提出帮他缝紧。

如果对方对待感情态度认真，稍稍透露出想结婚的想法，她却又感到恐惧和绝望，对此无法忍受。

努力迎合对方并获得成功的人就像奈利这样。即便她是被大家接纳的，也因为缺乏自信而无法结婚。

即使被接纳，也还是缺乏自信。同样的情况也可以放到事业成功内心却很孤独的销售员身上。

因为缺失归属感，自卑的他们无法与任何人进行真诚的交流。他们虽然实际上属于某个团体，但是在心理上感觉自己不属于任何一个团体，即无法拥有共同体情感。

因为没有小时候与家人一起吃饭的回忆，他们与家人之间内心是隔绝的，对家人是缺乏归属感的。

严重的自卑感就是这样从小在心里扎根的，而有很多美好回忆的人不会有严重的自卑感。这二者的人生是完全不同的。

单亲家庭或是贫困家庭都只是形式上的问题，并非心理上的。

有严重自卑感的人，没有和母亲一起吃饭、交谈、手拉手的回忆，没有和母亲一起沐浴、睡觉的回忆，也没有母亲帮忙打蚊子的回忆。他们有的只是被嘲讽的回忆。

不记得父亲喝茶的样子，不记得母亲喜欢吃的食物，不记得母亲常穿的衣服，不记得父亲吃饭时的笑脸。没有这些记忆，即使生活在豪宅里，也不会有对家的归属感。

有严重自卑感的人，即便吃的是山珍海味，也没有感受过吃饭时的乐趣。

孩子就是在和家人相处的过程中用身体感受生活乐趣

的，而严重自卑的人没有这种感受，在以后的生活中也很难获得与人相处的乐趣。

"孤立和排斥"带来的恐惧

即使在一起生活一百年，有些家人也还是像第一次见面一样。他们之间缺乏情感交流。

比起无法安放心灵的豪宅，心灵居所的窝棚更为舒坦。与能够交心的人一起睡在天桥下，也比与不能交心的人住在豪宅里更舒心。

美国作家奥里森·马登（Orison Marden）说，美国的许多伟人都诞生在黑暗的小木屋中。能与母亲交心的小木屋，比不能与母亲交心的宫殿更舒适。

这种交流既可以说是心灵的交流，也可以说是心灵的羁绊。如果一个人回到家里，不能身心放松地想到"这是我的家"，那么这就不是家。

缺乏对家的归属感，不论房子怎样豪华，都依然没有回家的喜悦。相反，如果能够身心放松，发自内心地觉得"这是我的家"，那么他对这个家就是有归属感的。

是否出生于小木屋与归属感没有关系，也和自卑感没有关系。

不论是否出生于破屋茅舍，如果吃到热乎乎的食物时，母亲会说："先吹一吹再吃，小心烫。"孩子通过体验与母亲的共感关系会产生归属感。

因为有了与母亲的情感交流，也就是与母亲一起吃饭、洗澡等，孩子的情感需求得到了满足，从而产生归属感。

有些人出身名门，在精英发展道路上长大，但是却因自卑感而痛苦，染上了赌瘾。这样的人自身是被否定的，所以只是表面上的精英。

自卑感与"孤立和排斥"有着很深的关系。

波兰哲学家瓦迪斯瓦夫·塔塔尔凯维奇（Wladyslaw Tatarkiewicz）在自己的著作《理解幸福》（*Analysis of Happiness*）中写道，没有人因为只有一张嘴巴而自卑。

只有一张嘴巴这一事实是否被周围的人所接纳，决定了这一事实是否会成为自卑感的原因。也就是说，**对"孤立和排斥"的恐惧感与自卑感在本质上是相同的。**

什么东西能够驱使人？阿德勒给出的答案是自卑感，

卡伦·霍妮和埃里希·弗洛姆（Erich Fromm）说是"孤立和排斥"带来的恐惧感。虽然用词不同，但他们的主张在本质上并没有区别。

有严重自卑感的人会因情绪上的孤立感而痛苦。或许他们有很多表面上的朋友，但却没有一个能够交心的朋友。或许他们的身边围绕着很多人，但他们在情感上却是孤独的。

英国罗彻斯特大学医学部神经生理学和解剖学教授大卫·L. 费尔顿（David L.Felten）提到，"到目前为止，研究表明人感到孤独时，免疫反应会持续低下"。

他同时介绍了其他的研究成果，通过调查医学院学生的免疫反应，发现与推测不同的是，免疫反应低下的并非考试不合格的学生，而是感到孤独且较少得到周围人帮助的学生。

简而言之，孤独比考试不合格更有可能导致免疫反应低下。

情绪上的孤立感、虚无感、自卑感表现了人的不同侧面，有这类情绪特征的人可以称为烦恼症候群患者。这类患者的病症之一，就是找不到与之交流的人。

令人更为在意的是埃里希·弗洛姆所提出的"孤立和排斥"。

由于自卑感而感到痛苦的人，病源并不是自己平庸，而是平庸的自己不被周围的世界接纳。

平庸并不会对人造成影响，但因为平庸而得不到于自己而言重要的人的接纳就会成为问题。

归属感缺失的人希望与他人交流，但同时又因为"孤立和排斥"而苦不堪言。拥有归属感的人，尽管知道自己有缺点，但并不会因此被束缚。

给缺点赋予不恰当的重要性就是缺乏归属感的表现，这也会间接导致视野变得狭隘。

戴上假面的人，内心是封闭的

费登伯格曾说，身心耗竭的人善于隐藏缺点，并且对自己的"某个缺点"看得很重。

面对相同的缺点，有归属感的人可能不觉得这是件天大的坏事，因而不会刻意去隐藏。这时候，这个缺点就不会成为自卑感产生的原因。

因为自身原有的自卑感，缺点才会被放大，自卑感进而加深。表现就是**因为自卑感去隐藏一些没有必要隐藏的事情，并为此感到不安，生活的能量被消耗于隐藏事情上。**

无法与他人真诚交流的人会不断地给自己制造缺点，并进行无谓的隐藏；还为不应该感到羞耻的事情而羞耻，进而情绪低落。

他们把能量消耗在隐藏事情上，而不是用在生活、工作中。更重要的是，他们因为隐藏，能量被消耗殆尽，以致无法维持正常的生活和工作，甚至连振作精神的能量都没有了。

假设现在有一个令他们非常在意的缺点，比如因为平庸而痛苦万分，为此感到羞耻，还不想被别人知道，整日胆战心惊。此时，他们就是在为了隐藏平庸而消耗自身能量。

因害怕缺点被发现而恐惧，是因为他们认为缺点被大家知道之后，外界对自己的评价就会大大降低。

更进一步说，就是他们认为自己会因为缺点不再被大家所接纳。导致这种心理的根源是他们对"孤立和排斥"的恐惧，也可以说是高度的依赖需求。

然而，他们真的认为自己有那些缺点吗？这还真不一定。他们本人并不认可缺点的真实存在，只是认可了"在别人看来，那些就是令人羞耻的缺点"。

事实上，别人即使知道了那些令他们恐惧的缺点，也不会有任何想法。周围人对他们并不像他们想象中那么关注。

如果有人把这些缺点提出来，那么这个人自身就具有严重的自卑感。他们提出缺点就是为了苛责对方。面对心术不正的人，我们会尽量远离，但有严重自卑感的人却会被他们随意利用。

所以，有严重自卑感的人很在意周围人是如何看待自己的，而周围人可能没有任何看法。**如果周围有人持轻视、贬低的态度，那这个人一定也是有严重自卑感的人。**

何谓努力生活

"为了隐藏而消耗能量"会产生什么结果呢？结果就是，把自己封闭在狭小的世界里，无法开发潜能。

隐藏是因为害怕被剥夺自我价值，对自我价值的保护最终成为自我实现的障碍。

不进行自我实现是对未来生活的透支，透支的额度会越积越多。透支注定需要偿还。

透支会带来焦虑、萎靡不振、忧郁、失眠，最终表现为交流能力的丧失。虽然不知道这个糟糕的结果怎样一点一点地呈现出来，但它一定会出现。

隐藏会消耗能量这件事，就好像每天都要戴着假面生活一样。

因为每天都戴着假面，所以无法与他人进行真诚的交流，在生活中总是犹豫惶恐。

所谓努力生活，就是拿掉假面，围绕真实的自己展开生活。真心爱你的人，是不会要求你在他面前戴上假面的。

生活中不与他人真诚地交流、时刻戴着假面的人，生活的方向是向后的。

这类人努力的结局逃不脱孤独，这就如同放下幕布后，观众们纷纷离场。戴着假面的人生活一旦出现危机，身边的人也会纷纷离他而去。

如果不想生活向后发展，就只有摘下假面，与他人进行真诚交流。如此才能振作精神，积极向前。

不能与他人真诚交流的人，即使能够战胜他人，也无法战胜自己。换言之，即便有刹那的喜悦，也不会有真正的幸福。

取悦无关紧要的人也是对能量的浪费。

因为缺少交流，对现在不满，才会执着于过去。如果生活在有爱的交流中，人不会恐惧生活。

享受当下有爱的相处环境，在满足中生活，才是真实的幸福。

有严重自卑感的人，既没有喜欢的人，也没有亲近的人。他们在心理上像是无根的草，因此才会执着于追求金钱和名誉，希望别人认为他们伟大。

为了达到目的，有严重自卑感的人疯狂地努力，最终生活失去平衡。但是无论付出多大的努力，获得多大的成功，他们都无法在现实中扎根，找不到心灵的居所，内心中充满了不安。

对归属感缺失的压抑，只会加深自卑感

渴望拥有归属感是人的基本欲求。正因如此，很多人都被严重的自卑感困扰。

基本欲求得不到满足，就会产生严重的不满，从而产生攻击性和敌意。

也可以说，有严重自卑感的人在潜意识当中积累了很深的敌意，这种敌意甚至超出了他们本人的想象。只要这些敌意累积在心里，他们就无法与他人进行真正意义上的交流。

所以对于有严重自卑感的人而言，交到真心朋友的意义是无法估量的。这种意义不是提高工作业绩就能比拟的，也不是轻易可以得到的。

如果拥有归属感，认为自己不如他人的自卑意识就不会成为重大障碍。①

阿德勒说，自卑感也是社会兴趣的缺失。②

生活在竞争社会中，内心孤独和与他人敌对的思想，会促使优越于他人的必要性变得更为重要。

这就是自我缺失的开始，即因为想要优越于他人而迷失了自己。与他人错误的相处方式也会伤害自卑者自身的情感。③

竞争社会的负面影响，因个人成长的家庭环境有所不同。

在心理健康而且称职的父母身边长大的人，几乎不会受此负面影响。但在情绪不稳定的父母身边长大的人，竞争社会会给他们造成巨大的负面影响。

自卑感就是错误地把众多价值当中的一个看作唯一的

---

① 出自《神经症与人的成长》，卡伦·霍妮著。

② 出自《这样和世界相处：现代自我心理学之父的十五堂生活自修课》，阿德勒著。

③ 出自《神经症与人的成长》，卡伦·霍妮著。

价值，也就是把自己不具有的某个特定的价值放大，错误解读成"我是没有价值的人"。

例如，在学习上有自卑感，于是就给学习赋予了重大的价值。经过努力收获成功后十分喜悦，感觉自卑感被清除了。但这只是从"孤立和排斥"的恐惧中暂时解脱。

也可以说，喜悦只能停留在获得成功的瞬间，但自己却错觉"自己对归属感的欲求得到了满足"。

有严重自卑感的人会压抑归属感的缺失。他们在潜意识中把"自己不属于任何团体，不会与任何人真诚交流"这些想法压抑下去。

当自卑的他们因为成功感到喜悦时，会感觉"成功的自己被认可了""被接纳了"。但其实他们本身并没有得到认可和接纳，仅仅是"成功的自己"被认可和接纳了而已。

尽管感到喜悦，但并不会收获幸福。在下一次失败时，他们又会因为自卑感和归属感的缺失而痛苦。

当幸福的人是真实的自己时，当被接纳的人不只是获得成功的自己时，当摘掉假面感慨"这样的自己也很好"时，才称得上是一个幸福的人。

有严重自卑感的人没有愿意去付出的对象。对他们而言，比他人优越是唯一的乐趣。

但是，人在有了愿意为之付出的对象时，才能够感觉到生活的意义，比如"为了我的孩子""为了我的母校""为了我的祖国"等，只有在这时人才能够热情洋溢，才会心安。

这也印证了自卑感是卡伦·霍妮所定义的"归属感的缺失"。

自卑的人总是被动的、有依赖需求的。他们希望自己被爱、被夸奖，但是缺乏爱他人的自主性、能动性和积极性。

有严重自卑感的人一直是索取的一方，从来不是给予的一方。

不为孤独感和被孤立感而羞耻

有严重自卑感的人最初建立"必须按照他人期待的样子而活"的错误想法一般源于父母的行为。也可以说，他们在建立如何做人的意识时，参照的榜样是错的。

有严重自卑感的父母只接纳优秀的孩子，不接纳平庸的孩子。于是，孩子在长大之后，就会错误地认为如果自己的成绩不好，就得不到周围人的接纳。

但并不是所有人都跟他们的父母一样有严重的自卑感，他们显然没有意识到这一点，于是采用错误的价值观来评价他人。他们还以这种错误的意识为基准而努力。

结果就是，**出发点错误的努力，只是在进一步巩固他们错误的意识**。在这种错误的意识下生活了二三十年的人并不少见。

报纸上时常刊登精英道路上成长起来的丈夫因对妻子施暴而被依法处罚，甚至被逮捕的事件。

那是因为丈夫对妻子有错误的期待。妻子的感情活动与他预测的不一样。他认为妻子应该尊重自己时，妻子没有尊重；认为妻子应该轻视某个人时，妻子也没有轻视。

日常生活中这种意见的不合会越积越多，某个时候一下子就爆发了。

乔治·温伯格说，压抑会导致对他人的期待产生误解。同时，这类人在潜意识当中有严重的自卑感。

要想从严重的自卑感当中解脱出来，就要意识到自己的自卑感，也就是要意识到自己缺乏归属感以及"我真的没有能够交心的人"。

潜意识当中缺乏归属感的人，内心深处认为"当自己有困难的时候没有人会真心帮助自己"。

对人际关系的不信任不仅仅停留在成长期，长大成人之后这个问题依然存在。

有严重自卑感的人在潜意识当中有孤独感、被孤立感，关于如何解决这类心理问题，可以借鉴罗洛·梅提到的"扩展意识领域"。[①]**当意识到"我真的没有能够交心的人"时，就勇敢承认，如此才能迈出摆脱孤独和被孤立感的第一步。**

而且最重要的是，不要为此感到羞耻，不要自我否定，勇敢承认"我就是在无法与人真诚交流的环境中成长起来的"。

这时候，你会发现自己身边有很多诚实且富有生命力的人。新的人生由此开启。

作为"真实的自己"而努力

有严重自卑感的人大多害怕自己的父母。因为认为父

---

① 出自《焦虑的意义》，罗洛·梅著。

母很优秀，所以不允许自己产生"自己很平庸，父母对自己很冷漠"这种想法。

因此，他们不仅缺乏归属感，而且对此毫无意识，但同时又在潜意识中不自知地压抑归属感的缺失。

想要克服自卑感，就必须意识到自己缺失归属感，意识到"我从小就容易感到不安，缺乏心灵的居所"，并且了解自己一直以来被这种压抑的情感所支配。

如果不了解自己的真实情感就无法振作精神。了解自己从小的行为动机都是出于不安，了解"我原来是这样的啊"，有了这种意识就能够自助。这也是自我实现的开始。

因为从小的行为都是出于不安，所以尽管自己认真努力地生活，却没有有益的收获。

他们曾经期待，只要努力地生活，就一定会有收获，但往往事与愿违，最终一无所获。

这都是因为，以不安为动机的行为使自己变得越来越不安，内心变得越来越脆弱。

无论怎么努力，内心都依然惴惴不安，生活在对"孤立和排斥"感到恐惧以及没有归属感的潜意识中。这是基本欲求得不到满足的心态。

虽说是"努力"，但并不是在为真实的自己努力，只不过是为了得到他人的好感而努力。这样的努力只会造成自我缺失。

有严重自卑感的人，将优越于他人排在第一位。与其说忽视了自我实现，不如说根本不考虑自我实现。因此，自我缺失在所难免。

如此，在生活中有严重自卑感的人并非以真实的自己为出发点，所以缺乏生活实感。为了获得生活实感，他们需要寻求他人的关注。寻求关注的努力又进一步加速了自我缺失，从而陷入恶性循环之中。

有很多陷入恶性循环的神经症患者，比如抑郁症患者、酒精依赖症患者等。但是他们本人多数并没有发觉自己在自我缺失的心理状态下努力着。

作为"真实的自己"而努力，无论成功或失败都会感到充实和满足，因而会幸福。但在自我缺失的心理状态下努力，即使获得了成功，也会惴惴不安。因为成功也无法消除潜意识中对"孤立和排斥"的恐惧。

有严重自卑感的人与性格执拗的人就像患有工作依赖症的人一样，再累也无法停止工作。他们在潜意识中的

"孤立和排斥"的恐惧支配下努力工作。

因为只有不停工作，才能忽略掉"孤立和排斥"带来的恐惧，在恐惧支配下努力的结果使他们离幸福越来越远。

想要消除自卑感，就要意识到负面情绪的存在，从而修正生活的目的。弄错生活的目的，就好像在山中行走，手中却没有地图。

意识到自己"弄错了生活的目的"，才有可能自我实现。

每个人都能重新塑造自己

有严重自卑感的人，他们的父母大多关系不和谐。

"几乎所有表现出过度依赖需求的少年，他们的父母都经常吵架和相互指责。他们自身都有严重的自卑感和恐惧心理。"[1]

有严重自卑感的人，他们的童年时期是与内心矛盾的父母一起度过的，因此他们得到的就是父母不接纳的姿态。

连自己都不能接纳的父母，又何谈接纳孩子呢！结果，孩子无法拥有共同体情感，也因此没有形成自我同一性。

---

[1] 出自《依恋理论》，约翰·鲍比著。

在真实的自己没有被接纳的情况下，很难拥有共同体情感。

如果情感需求得以满足，就不会为实现理想中的自我形象耗费大量能量。有严重自卑感的人深信，如果他们不实现自我形象，就得不到周围世界的接纳。

实现理想中的自我，就是被认可、被爱以及被关注。情感需求得到满足，就是对自己最初所属的团体产生归属感。

这就是卡伦·霍妮所说的，自卑感源于缺乏归属感。

有严重自卑感的人把变得优秀当作自己的责任，在潜意识中责难平庸的自己，并错误解读出是因为平庸，别人才会责难和轻视自己。

他们最为需要的是了解自身自卑感是因父母内心的矛盾与纠葛而产生的，而非自己的责任。因此，对自己感到愤怒是很不恰当的。

自卑者都有必要想一想："为什么跟我资质相同，也没有比我付出更多努力的人，不但没有自卑感，而且生活愉快，而我却如此痛苦？"

为什么事业很成功的人会感到自卑，其中有些人还因为自卑感而自杀，而很多在事业上并不成功的人，却过着充实、有意义而且快乐的人生？

有严重自卑感的人需要认真且虚心地观察养育他们的人，或是从过去的经历中发现身边人内心矛盾纠葛的秘密，从而了解自身自卑感产生的原因。

被自卑感折磨的人，一定可以发现以父母为首的身边人的严重心理矛盾。

选择不满，还是选择不安

那么，关于自卑感的产生，难道本人就没有一点责任吗？当然不是。

如果从小开始，每个选择都是自己做出的，但是成年之后依然有严重自卑感的话，本人是对自卑感负有责任的。

简单来说，就是他们在"不满还是不安"的选项中，总是选择不满。

不管周围人说什么，他们都有可能做出不同的选择。但是做出这种选择，会让他们感到不安。比起选择不安，选择不满在心理上更轻松，但结果却形成了严重的自卑感。

成长中免不了会有不安与迷茫。如果想逃避这种情绪，很容易会选择不满。就像有严重自卑感的人在成长欲求与退行欲求的选择中，无法选择成长欲求。

当然，他们无法选择成长欲求是有原因的。**要克服自卑感，最重要的还是要具有"人生是我自己选择的，我不能逃避"这种认知。只有这样才能在今后做出符合成长欲求的选择。**

即使会有不安，也能够做好面对困难和迷茫的心理准备，选择成长，并最终克服自卑感。这是人格的重建，也是自我的重建。

打造全新的自己，重塑内心世界，对此不能有所怠慢，否则自卑感的责任就在于自己了。

如果不去改变自己的内心，只想着改变外在，那么到死也无法消除自卑感。即使外在如自己所愿得以改变，也仅仅是将自卑感变成了优越感而已。

即使自卑感变成了优越感，优越感根源中的恐惧感也不会改变。自卑者还会因"孤立和排斥"而恐惧，在潜意识当中因情绪上的孤立而痛苦，时常感到不满。因为此时的他们还是活在别人的目光中，因为周围人的批判而受伤害。

有优越感的人，内心一定会因自卑感而痛苦。优越感就是通向地狱的车票。

只有与他人进行真诚的交流，消除了自卑感，内心才能得以平静，从而获得幸福，否则到死都会因自卑感而痛苦。

想一想，每天因为什么而痛苦？因为不能与身边的人互相信任，无法真诚地交流。

克服自卑感的又一个好办法，就是去发现身边值得信任的人，把自己也塑造成一个值得信任的人。

后记 —— 为了走好今后的路

有缺点并不是问题，因为有了自卑感，缺点才成为问题。所以，问题在于"有自卑感"。

如何消除自卑感将决定你是否幸福。然而，自卑感越严重，就越容易弄错消除它的方法。换言之，越不幸福就越找不到通向幸福的道路，只能在不幸的道路上苦苦挣扎。

有严重自卑感的人也是性格乖僻的人，他们不承认自己对自己感到失望。

卡伦·霍妮说，神经症患者因为遵循了冷酷的心理法则，弄错了重建自尊心的方法。所谓冷酷的心理法则，即想要获得难以获得的荣誉，最终只会强化自己的无价值感。[1]

―――――――――――

[1] 出自《一位精神分析家的自我探索》（*The Unknown Karen Horney*），伯纳德·J.派里斯（Bernard J.Paris）著。

卡伦·霍妮把现实的自己与其自尊体系之间的矛盾称为内在冲突。[①] 对内在冲突采取不恰当的解决方法，会使不幸的人做出错误的选择，从而变得越发不幸。

正如前言中所说，纠正对自己不恰当的否定性评价非常重要。"如果拥有归属感，认为自己不如他人的平庸感就不会成为重大的障碍。"[②] 本书旨在帮助自卑者找到正确的解决问题的方法。

优越感是对自卑感的补偿，是通向地狱的车票。"优越感具有将人引向地狱的魔力。"

本书也写给了买了"通向地狱的车票"的人，告诉他们如何将手上的车票换成通向天堂的车票。

不仅是因为自卑感才会采取错误的应对方式，当出现心理问题时，也会如此。

罗洛·梅提出，不安的消极回避牺牲了两种能力，即"自我发展的能力，以及保持自己与共同体社会之间相互关联的能力"。

有关自卑意识导致的结果，阿德勒提出了"存在领域的界限"

---

① 出自《神经症与人的成长》，卡伦·霍妮著。
② 出自《神经症与人的成长》，卡伦·霍妮著。

和"发展道路变窄"。①

除了自卑感、不安、自我憎恶等，人在生活中会出现各种各样的心理问题。生活的环境和性质决定心理问题出现的必然性。

我们关注的重心就是如何正确地理解和应对，本书最重要的目的就是帮助读者正确理解自卑感。

对"人为什么会有自卑感"要有正确的理解。

没有"这么做就能够消除自卑感"这类简单的方法。如果有这样的方法就再好不过了，但遗憾的是并没有。

寻求简单的方法只会加深自卑感带来的痛苦。如果不明白简单的解决方法可能带来的危险，想一想邪教组织就明白了。

奥地利精神科医生贝兰·沃尔夫说，所谓神经症患者，就是寻求用简单的方法解决困难问题的人。的确如此。

如果能够正确地理解，并正确地应对，自卑感问题就迎刃而解了。

产生自卑感的原因是成长时期的不稳定性依恋——与依恋对象的关系不稳定，从小时候起身边就没有值得信任的人，无法与人真诚地交流。

① 出自《这样和世界相处：现代自我心理学之父的十五堂生活自修课》，阿德勒著。

神经症的核心在于严重的自卑感，有严重自卑感的人会发展为神经症患者，[①] 表现为无法与周围人真诚地交流。

有严重自卑感的人可能会意识到自己有自卑感，但是意识不到自己正在向神经症发展，或者说意识不到自己的神经症正在不断恶化。

他们意识不到自己目前正处于危险的状态中，也没有意识到在自己今后的人生中，有一条可怕的毒蛇正在蠢蠢欲动。

"自卑感谁都有"，持有这种简单想法的人很多。虽然确实是这样，但是自卑感却没有我们想象中那么好对付。

将自己的人生逼向地狱的正是自卑感。

写作本书时得到了多方关照，衷心感谢他们——与我有40年交情的南晓副会长，以及参与本书编辑的三轮谦郎先生、种冈健先生。

---

① 出自《生活的科学》，阿德勒著。